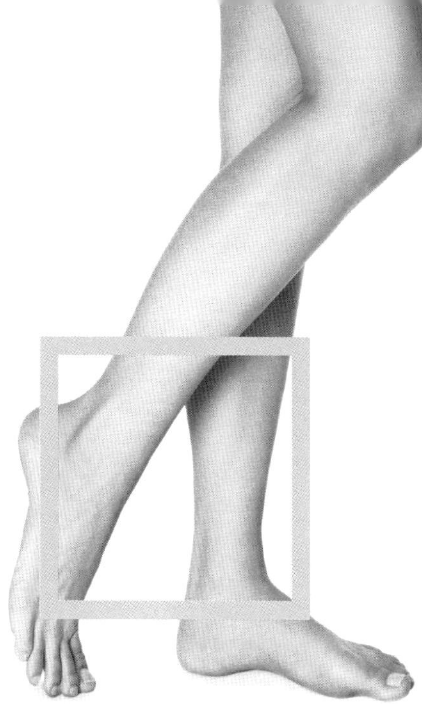

一天3分鐘！轉轉腳踝，下半身就能瘦！

1日3分！足首まわしで下半身がみるみるヤセる

久 優子 著　　林于楟 譯

前言

「想瘦下來」、「想要有好身材」、「想變漂亮」，這些都是我過去一直強烈期盼的事情。這是為什麼呢？這當然是因為，我曾是個胖子。而當我在使用了某個方法之後，便就此脫離了胖子的行列，至今一直維持著好身材。如何？你不好奇為何我能成功減肥，並且還能夠持續維持好身材的原因何在嗎？

我今年四十歲，是兩個孩子的媽。在東京都內經營一家主打淋巴排毒的美體沙龍。淋巴排毒、淋巴按摩這個技法，約莫是在六～七年前開始受到美容業以及按摩業的關注，現今「淋巴」一詞也早已被廣泛使用。

我也是從那時開始學習淋巴排毒。在學習的過程中，我才逐漸釐清了我之所以可以成功減重的原因。關鍵就是：「將關節放鬆，讓淋巴結打開之後，全身循環也會隨之變好。」全身的關節中，距離心臟最遠的就是腳踝，將腳踝關節放鬆、舒展之後，就可以消除腳（腿部）的浮腫，也可以進而改善身體骨骼歪斜。

我每天都在幫忙客戶改善他們身體上的不適或不滿意的部分，因此我可以大聲地說，其實大家都沒有好好地正視自己的身體。了解自己的身體、明白身體的構造，是一件非常重要的事情。你的身體或許已經習慣了現在的狀態，但事實上，真正的身體狀態應該要更加輕盈、更好活動才對。

讓我們一起找回原來的身體，一起變漂亮吧!!

如此一來，每天都能過得快樂又充實。一天三分鐘，只要轉轉腳踝，即使是怕麻煩的人也能夠持續輕鬆進行。

為了能夠見到比現在更加散發光芒，更加充滿自信的自己。

CONTENTS

STEP 1 「轉轉腳踝」讓下半身漸纖細！

STEP 2
利用「轉轉腳踝」矯正腿部骨骼歪斜！

STEP 3 利用腳踝按摩出一雙美腿

STEP 4 讓雙腿變美的生活習慣

PROLOGUE

從下半身肥胖，一路走到成為腿部模特兒的路程

一天3分鐘「轉轉腳踝」，減掉15公斤，擁有一雙美腿！

＊「DOSUKOI」是相撲選手在比賽前為自己打氣的呼聲。

不好意思！
沒關係啦
那時一走路雙腳大腿內側就會摩擦到出血
牛仔褲還是穿跟我爸一樣的男裝三十二吋耶！
!!?
呼……
我身高一六二公分，以前體重可是有六十八公斤呢！
但是，在六個月內減下十五公斤！現在體重是四十八公斤！
你到底是做了什麼才能有那一雙美腿呢？
總之，就是嘗試了各種減肥法……
代餐減肥法
喀喀
リンゴ
發汗凝膠減肥法
擦擦

即使短時間看到成果卻也馬上復胖
咦？
身體也變差，一連串失敗！
膚況變差、長青春痘、掉髮……
絕望
只是讓我越來越自卑！
我試過好多種減肥法了，但是就是瘦不下來
えーん
直接乾脆!!
我看你是代謝變差造成的水腫吧?!
真是「一語驚醒夢中人」！
嚴重打擊
試著摸了自己水腫的腳後……好硬！好冰！捏不起來！
某天，我在平坦的地方絆倒了！
飛撲!!
什麼！
就是因為腳踝太僵硬才會絆倒的！
腳尖關節很僵硬，踝骨周圍也是相同狀況，輕輕碰觸就會痛！代謝變差了！
對了！只要轉動「腳踝」就好了啊！
咚！

「轉轉腳踝」後，全身變得暖呼呼的，代謝也變好了！
持續六個月「轉轉腳踝」＋「按摩」後……
1個月
2個月
3個月
4個月
5個月
6個月
體重掉了十五公斤！
成了一雙纖細美腿！
穿上夢想中的迷你裙，到原宿去！
那邊那位女孩，有沒有興趣當腿部模特兒啊？
我也能有一雙美腿嗎？
隨時隨地都能「轉轉腳踝」，非常簡單！
一天只要三分鐘！
我的美腿獲得肯定了！
太好了！
我會努力！
加油!!

絕對要瘦下來!!

身高一六二公分，體重六十八公斤曾經下半身肥胖的我

今非昔比，體型劇變！追求單純美！

「想變瘦」、「想變漂亮」，這些都是女人永遠的課題。當我還是個胖子時，我無時無刻都想著「我想變成一個性感又帥氣的女人！」「我想把牛仔褲穿得筆挺帥氣！」「我想要讓身材變得更好！」「我想要有一雙美腿！」

雖然我現在身高一六二公分，體重四十八公斤，擁有纖細身形，但其實我的體重曾經是比現在重上二十公斤的六十八公斤。那樣的大塊頭，當然與性感完全扯不上邊，更別說是想要把牛仔褲穿得筆挺帥氣了，簡直就是痴人說夢話。於是我下定決心，「絕對要瘦下來」！但是，到底該怎麼減肥才好呢？

在美國的寄宿家庭生活，開啟我的胖子人生

減肥的第一步，我開始思考變胖原因。仔細回想起來，體重開始急速上升是在高中去美國短期留學，住在寄宿家庭時的事情。超大杯飲料、巨大漢堡排，加上香草冰淇淋的蘋果派、甜滋滋的零食等等，全都是超大尺寸！看來，我似乎太過於適應美國的飲食文化了。僅僅

一個半月，就已經胖到來機場接我回家的家人完全認不出我來。

變胖之後，不只很多衣服變緊穿不下，走路時，雙腳的大腿內側還因互相摩擦導致出血等等，那段日子真的過得很痛苦。就算想打扮一下，也穿不下想穿的衣服，只能穿些可以遮掩自己體型的衣服。牛仔褲甚至還是穿男裝的三十二吋，這是我爸穿的尺寸耶！那和我所憧憬的模樣根本就差了十萬八千里。

立志要減肥!!

為了「想要瘦下來」而使用傷害身體的減肥法不會有效果

短時間見效、卻隨即復胖，還讓膚況變糟……

在這瞬間，我下了「絕對要瘦！」的決心。首先嘗試用豆腐取代三餐的代餐減肥法。還嘗試了當時流行的蘋果減肥法、蛋白質減肥法等，但卻一點效果都沒有。

即使稍微瘦一點，也會馬上復胖！而且皮膚變得粗糙、長青春痘、掉髮、身體變差……別說變瘦，只是讓自己越來越自卑。

正巧在這個時候，某個電視節目介紹了一個在腳上塗發汗凝膠，再包上保鮮膜後睡覺，腳就會變細的減肥法。我當然毫不遲疑，立刻嘗試了這個方法。結果確實有達到發汗的效果，但皮膚卻因為無法呼吸，導致紅腫潰爛。結果每個方法都失敗了。

一旦違反了自然法則，問題就會接踵而來

我不斷嘗試別人口中所說的「不錯」的減肥法，但有一天，當我看到鏡子中的自己時，瞬間變得啞口無言！沒想到竟然比歸國時更胖。此時我才發現，我在減肥的過程中從未正視鏡中的自己。那時的我不只膚質變差，還出現了胃突。

歷經美式餐飲的洗禮後，我的胃變大（達到胃容量上限），消化吸收能力也因此增強，且在飽足中樞麻痺的此時，竟然還吃「代餐」減肥，結果才會導致減肥失敗。

沒有好好正視自己的身體，還因缺乏知識，無知地濫用「代餐減肥」，反而造成了身體負擔，破壞了人體原有的一套很好的平衡機制。在驚覺這些減肥法無法讓我變美時，我感到了無比的失落。

開始進行腳部按摩

僵硬又冰冷的腳是不會帶你走上瘦身大道的！

每天努力按摩，一心一意想讓腳變細！

那麼，到底該怎麼辦才好呢？……我重新下了「轉換自己的心情，以免重蹈各種減肥失敗的覆轍」的決心。此時朋友對我說：「要把脂肪消滅掉才瘦得下來喔！」聽到這句話後，我就開始了每天的按摩工作。

當我從小腿往指尖按摩時，感覺到「好硬！好冰！抓不起來！」也才驚覺「在這種狀態下，脂肪根本不可能變軟」。腳趾的關節僵硬，腳踝的周圍是又腫又硬，只要一碰觸就會覺得疼痛。當時的我覺得，既然會疼痛，就一定代表身體的狀況不好，於是我便腳踏實地，開始了徹底按摩腳部的日子……

持續按摩一週後，腳稍微變細了

此外，每天不再只是沖澡，而是會開始好好泡個熱水澡。洗完澡後看著鏡中全裸的自己，再好好地檢視自己的身體！

此外，在按摩時還會進行「意象訓練」，在腦海中描繪理想的身形，同時也不斷地按摩大腿。「好～痛！」但是，我必須忍耐，努力把這些頑固的脂肪消滅。每天反覆進行這些動作之後，脂肪就會開始變軟，趾尖的溫度也會稍微提升了。在持續了一週之後，我頓時覺得自己的腳變輕了，而且看起來也稍微變細了，真不知道這是不是錯覺。

人只要看到變化就會感覺到愉悅，也會有動力持續下去。以往沒能細心照料自己身體的部分，現在就用充滿愛的按摩來補償。雖然過程十分疼痛，但我相信絕對會有成果的……

察覺到腳踝的重要性

靠著「轉轉腳踝」減下十五公斤！

從在平坦路面上絆倒的經驗，想到了「轉轉腳踝」

在每天持續按摩後，感到雙腳變輕的同時，有一天我竟然在平坦的路面上絆倒了！此時我才察覺自己的腳踝太過僵硬，不只腳踝的可動範圍狹窄，轉動時也會覺得卡卡的、不流暢。我心想：「說不定讓這個部位變得更加柔軟後，血液循環也會變好……」於是我便開始試著轉動自己的腳踝，也將腳踝納入了按摩部位中。

持續了幾天之後，轉動腳踝時便不再覺得卡卡的，還可以用大拇趾畫出一個漂亮的圓，由此可見腳踝的可動範圍已經變大了。另外我的趾尖也變得比以前溫暖，按摩之後，腳背還會浮現出骨頭以及較粗的血管。

短短六個月減下十五公斤，腳和腰圍都變細了

持續一個月之後，腳踝就明顯變細了，連原本看不見的踝骨也出現了。上廁所的次數增加，腳部水腫的情況改善，雙腳也變得更加輕盈。第二個月開始，小腿肚開始變細，原本硬邦邦的脂肪也變軟。趾尖變暖，腳步變得更加輕快，除了感到「精神百倍」之外，心情也明顯變得開朗。

第三個月時，我將膝蓋周遭加進按摩的範圍內，膝蓋的變化也更加明顯。連大腿都變得細嫩，摸起來感覺非常舒服……進入第四個月後，周遭的人開始問：「妳是不是瘦了？」讓我實際感受到成效。五個月時，腳變得比我變胖之前還要纖細，腰圍也變小了。六個月時，雙腳明顯變細，連大腿都變得苗條，身體狀況跟臉色也非常好。當我一站上體重計，螢幕顯示五十三公斤！我竟然成功地減下了十五公斤。

當我走在街上……

擁有一雙美腿之後，被星探相中成為「腿部模特兒」

雙腳變輕變細了！

每天持續「轉轉腳踝」三分鐘後，除了能夠改善水腫之外，最令人喜悅的是，腳變得越來越細，每天都開心到不能自己。

嘗試過許多方法之後，將有效的方法養成為每天的習慣……那是一段就像是成為一位「美腿研究家」的日子。沒什麼比養成了每天的的習慣後，日積月累之下所看到的成效還要讓人開心的。

當我的腳變輕、變細，還成功減下十五公斤之後，我變得十分樂觀，開始對自己充滿了自信。只是做一點小改變，就可以讓人的心境與心情有如此大的變化呢。

成為腿部模特兒後，開始追求更完美的美腿

我在瘦下來之後，買的第一件衣服，當然就是迷你裙了。這是我最好的一件迷你裙，不管到哪裡都穿著它。那讓我產生一種重獲新生的感覺！我彷彿改變了我的人生！

當我穿著那件迷你裙走在街上時，竟然被星探相中，成為一名「腿部模特兒」。那是在原宿買東西時發生的事。因為本來就強烈期

盼自己「能擁有一雙美腿」，記得當時我真是開心到快要飛上天了。

和經紀公司簽約之後，我便開始參加選秀會、拍攝穿著絲襪的照片、擔任活動接待員……等等工作。在專業的美姿美儀課程中，我學到了如何用漂亮的姿勢來走路的方法。此外也特別會去注意腳部的護理、保濕等保養工作。也是在此時，我才了解到選鞋及保養鞋子的重要性。

美的世界共同基準是？

只要了解「美腿四要點」，任何人都能有一雙纖細美腿！

世界舞台上共通基準的「美腿四要點」

稍微轉換一下話題，我在保養及護理身體的時候，有一個讓我時時刻刻都留意的重點，那就是日本所推崇的「紙片人身材」，並非世界所認知的「美體」這個觀念。

其實，我的父親長年在「社團法人國際文化協會」中，擔任活動企劃以及營運等工作。他曾擔任過世界選美「國際小姐選美大會」的企劃、營運工作，此外也曾擔任過「一九八五筑波萬國博覽會」的南太平洋館館長，同時也在各種領域中從事國際交流的相關工作。

「美腿四要點」（請參照圖示）就是我父親告訴我的「美腿的定義」，這的確很像是看遍世界級美女的父親會說的話。但我又接著想到，「我那變細的腳又是什麼水準呢？」我邊想邊站到了鏡子前，開始自我檢視。沒想到我只達到父親所說的「美腿四要點」中的兩點。但在我持續進行了「轉轉腳踝」之後，不但骨盤歪斜的情況逐漸改善，更完美達成了「美腿四要點」所有的標準。

我的父親參與過世界「最美佳麗」的遴選工作，在看遍了各色人種、膚色、髮色、知性與性格……等選美的要件之後，父親告訴我心目中「美的基準」是什麼。那就是：「美」並非只看表面而已，也必須擁有從內在散發出來的一種氣質。美腿也不例外，只要細心雕琢自己的內在美，就能如同字面所描述的，「無論幾歲，都可以成為一位美麗的女性」。

■ 美腿 4 點

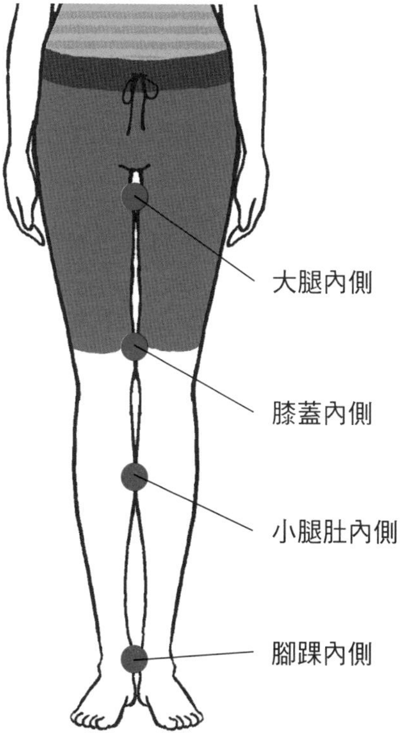

打赤腳，雙腳腳跟貼合，腳尖微開，自然站立。如圖所示，若這四點是貼合的，就可以稱為美腿。

認識淋巴排毒

減肥成功的關鍵，就在於「淋巴」與「腳踝」

認識教授淋巴排毒的恩師，是我人生中最大的轉機

我能夠減肥成功的關鍵，其實就在「淋巴」與「腳踝」。最近我們常聽到的「淋巴」到底是什麼東西呢？理解它的真正價值與意義的朋友，我想應該不多。在我的客戶中，也有許多人不知道淋巴排毒的

原始意義。說起「淋巴」，一般會自然地聯想到「會變瘦」、「臉可以變小」、「淋巴堵塞」、「排毒」等字眼，然而「淋巴排毒」到底指的又是什麼呢？

淋巴排毒原本是作為醫療上的使用，以醫學及解剖生理學為基礎，所開發出來的一種醫療技術。只要我們能掌握正確的知識，就能在執行中安全地獲得成效。其實，當時的我正處於窮途末路，差點就把身體搞壞的階段。在朋友的介紹下，結識了教授我淋巴排毒的恩師。我一邊與他閒聊，他一邊按摩我的左手。他的手暖呼呼的，讓人感覺非常舒服。不知為何，我開始感到非常放鬆，按摩完後，我的手指也變得纖細，手骨及手筋也變得明顯，感到手部變得很輕、很容易活動。而讓我感受最深刻的就是滿滿的「被撫慰感」。對當時走投無路的我來說，就像在山窮水盡之中看見桃花源一樣。於是，我當下就立刻決定要開始學習淋巴排毒。

對我而言，上課的內容全都是未知的新事物，每次上完課，我的腦袋都像是快要爆炸了一般！日日夜夜，在我不斷重新整理筆記、不斷複習的過程中，也讓我開始有了「茅塞頓開」的感受，每天都會有不同的新發現。

「淋巴排毒」撫慰了當時身心俱疲的我。因此我便開始抱持著，要讓更多人體驗這個絕妙技法的願望，開設了美體沙龍。現在，使用者的評價在街頭巷尾傳開，讓我能夠藉此幫助更多客戶。

美腿專欄

什麼是讓腳能開心邁開步伐的「選鞋法」？

在我從事腿部模特兒這份工作的時候，學到了「品質好的東西在穿用的同時，也要進行保養」的觀念。我的身邊也有著一雙，不但穿了二十年，同時也保養了二十年的仕女鞋。

因為被外表所迷惑，結果選錯了鞋子，這可是會讓你的腳變成一雙「醜腿」的。請你務必要留意！

❶ 一雙不合腳的鞋子，在步行時為了要取得平衡，會讓腿部外側增加多餘的脂肪、肌肉，腳也會因此變粗、變形，更嚴重的，還會變成O型腿或X型腿。

❷ 太小的鞋子，會讓腿部肌肉萎縮，進而阻礙血液循環，讓代謝變差，這也是造成水腫及異味的原因所在。

❸ 太大的鞋子，不只會造成拇指外翻，還會影響到膝蓋及髖關節，腳也會因此變粗。

如果想要擁有一雙美腿，就要選擇一雙腳趾可以好好地踩在地板上的鞋子。

此外，在選購高跟鞋的時候，要選擇鞋跟正好落在踝骨正下方的款式。腳若是一直處在往鞋尖滑的狀態，就會增加趾尖的負擔，這也是導致長繭、雞眼、拇指外翻的原因，也請務必要多加注意！

STEP 1

「轉轉腳踝」讓下半身漸纖細！

檢視自己的腳踝

分辨出腳踝僵硬或柔軟的方法

檢視腳踝的可動範圍

只要確認一下你的阿基里斯腱，以及腳背能不能往反方向折動，就能馬上知道你的腳踝的柔軟程度如何。讓我們平躺下來，一起檢視看看吧！

Check ① 將腳伸直，接著把趾尖往地板方向下壓。有成為一直線嗎？接著，試試看能否用大拇趾畫出一個漂亮的圓？

Check ② 將腳伸直，接著把趾尖往自己的方向翻。然後，試試看腳是否能往前後、左右的方向擺動？

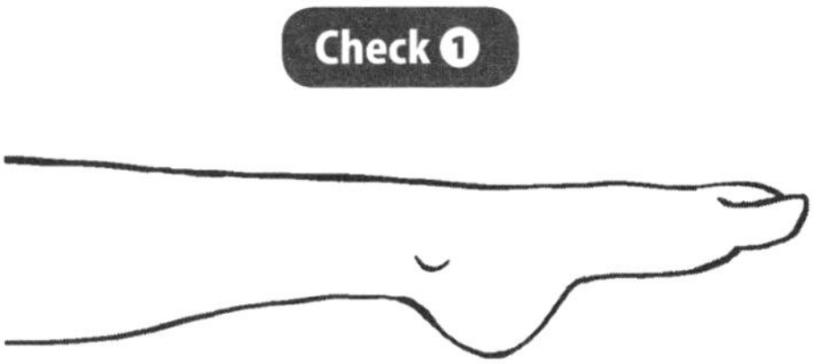

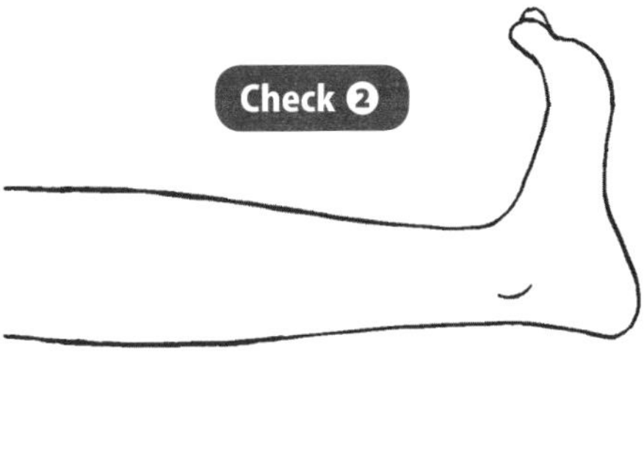

Check ③ 雙手掌心及膝蓋著地，將腳趾曲起，接著把體重放在腳趾上。當腳趾曲起後，試試看腳底是否能夠往上伸直？

Check ❸

其他檢視法		
檢視拇趾是否能夠畫圓！	**剪刀石頭布！**	**用跪坐來確認！**
臉朝上平躺，兩手向上伸直。試著轉動腳踝，若拇趾能夠畫圓就是良好狀態！	如果能夠用腳趾做出剪刀石頭布的動作，就是腳踝柔軟的最佳證據。	如果長時間跪坐之後腳踝會感覺到疼痛，就是腳踝僵硬的訊號。

作為血液及淋巴通道的「三個關節」
腳踝是最容易產生歪斜，也最容易僵硬的「關節」！

成功減肥的關鍵就在「腳踝」

在人體中，除了腳踝之外，還有兩個相當重要的關節存在，那就是「脖子」和「手腕」。這三個關節若有歪斜或僵硬的情況，那麼身體的平衡就會遭受破壞，甚至會對內臟產生影響，所以是非常重要的部位。

這三個關節是血液及淋巴液的重要通道，所以關節若是僵硬，就會阻礙血液及淋巴液流動。

「手腕」及「腳踝」位於身體末梢，原本就是容易造成血液循環不良的地方，這也是手腳冰冷的原因，甚至還會陷入「冰冷↓關節僵硬↓血流不佳↓成為水腫原因！」這樣的惡性循環。反之，若是能夠創造出「溫暖↓關節柔軟↓血流順暢↓趾尖溫暖改善循環」這樣的運轉，那麼就自然可以消除水腫。

在這三個關節中，腳踝離心臟的距離最遠，也最容易造成血液循環不良的關鍵。若是腳踝的血流不佳，就會讓腳踝變得僵硬、可動範圍變得狹窄，還會進而導致腳部水腫。因此，讓我成功減肥的關鍵，就在腳踝！

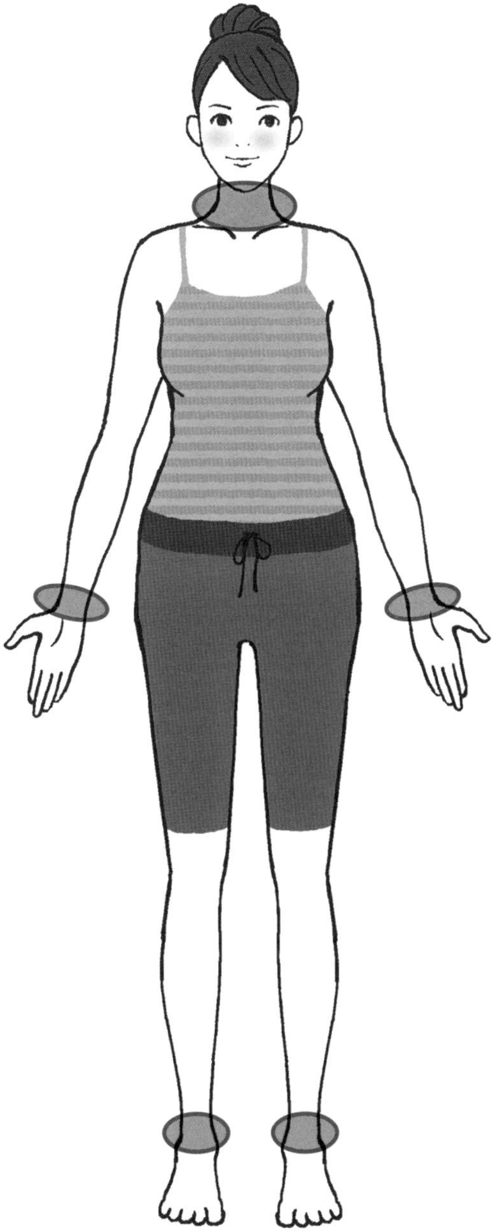

「轉轉腳踝」就能讓腳變美的原因

放鬆腳踝，下半身整體的血液循環就會變好！

腳踝是累積全身毒素之處

常常有人問我：「為什麼只要轉轉腳踝就能擁有一雙美腿？」「是因為轉動腳踝之後，腳踝變細，可以進而調整其他部位的粗細嗎？」等等的問題。

從人體的構造上來說，受到地心引力的影響，毒素無可避免地容易累積在離心臟最遠的腳踝上。但若是能好好照護這個部位，就可以讓全身的血流變得順暢；從骨骼來看，也能讓全身放鬆。也就是說，在腳踝變軟之後，膝關節也會跟著放鬆，接著就是髖關節放鬆，然後骨盆也就會跟著放鬆了。

煩惱著腳太粗的朋友，身體幾乎都不胖，其實只是毒素累積造成的水腫罷了。

「轉轉腳踝」也能改善身體骨骼歪斜

如果腳踝僵硬，不光是膝關節、髖關節、骨盆、脊椎等關節部位會產生歪斜，也會連帶影響到胸腹部的內臟、血管及神經，甚至是頭蓋骨及顎關節。接著可能還會出現頭痛、臉部不對稱、肩頸痠痛、牙齒咬合不正等問題。只要「轉轉腳踝」，就可以讓腳踝、膝蓋、骨盆、脊椎、頸椎等關節放鬆，讓身體變得更加輕鬆。此外，當血液及淋巴液的流動變得順暢之後，內臟也就能充分發揮作用。

■「轉轉腳踝」所帶來的效果是？

① 將骨盆收回正確位置

↓

② 身體動作更加順暢

↓

③ 血液循環變好，新陳代謝率提高

↓

④ 成為易瘦體質

老廢物質會累積在腳踝！

要讓「血液」及「淋巴液」這兩種體液循環流動

何謂「讓血液循環變好」？

身體中有兩種體液在流動著，一種是血液，另一種是淋巴液。為了造就循環好、容易變瘦的身體，就必須讓這兩種體液的循環流動能夠順利運作。

血液流動的通道稱為血管，首先就針對血管來進行說明。血液透過血管流遍全身，主要為了運送身體所需的營養及氧氣，再把不需要的東西帶走，以達成消滅病毒及細菌的重大任務。

據說將身體中的血管全部連接起來，竟然可以長達十萬公里長（約可繞地球兩圈半）。

血管大致可以分為動脈與靜脈，血液是「由動脈輸出、由靜脈帶回」。再更進一步說明，動脈是將從心臟流出來富含氧氣及養分的血液帶往全身；靜脈則是和動脈帶來的氧氣及養分進行交換，然後再將交換來的二氧化碳及老廢物質，帶回到心臟。

而血液則是利用心臟收縮（幫浦）的力量循環全身。也就是說，血液是以心臟為起點，然後進行著全身的循環工作。

■ 血液的流動

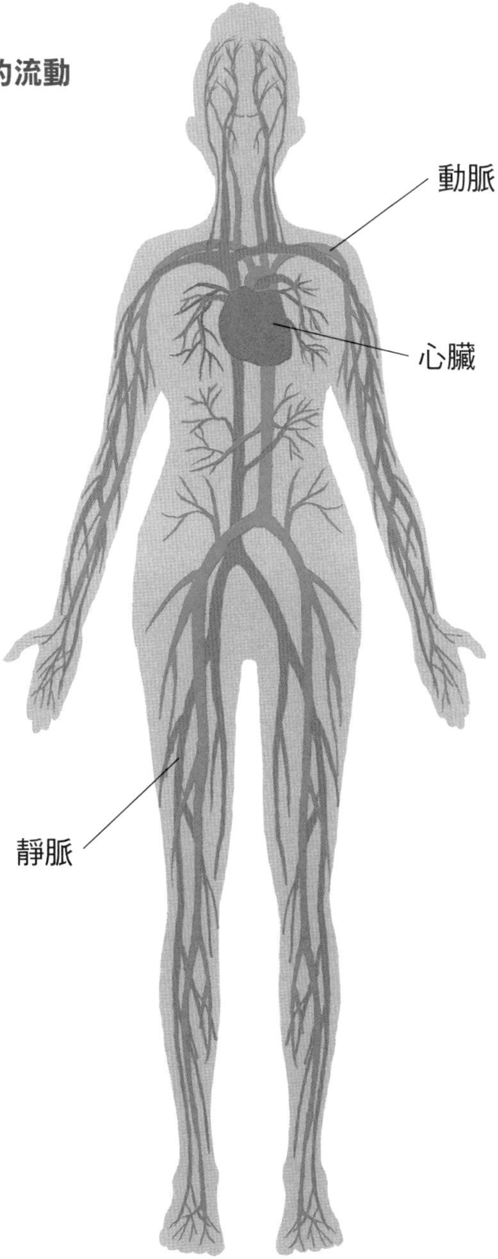

何謂「讓淋巴液流動變好」？

淋巴液是透過淋巴管，如血液一般在體內循環流動。淋巴液身負將超出靜脈運送極限的老廢物質和毒素排出體外的任務。淋巴液的流動相當緩慢，一分鐘大約只能前進三十公分。（血液每一分鐘可以繞完身體一圈！）

此外，淋巴管是和微血管一樣細的管線，得借助周遭肌肉活動的力量，才能將管線中的淋巴液往前推進。運動不足，導致對肌肉的刺激不夠，或是飲食生活混亂，還有壓力等都會造成淋巴液流動不順，也容易讓老廢物質在體內累積。

另外，淋巴管中有一個稱作「淋巴結」的器官，它具有類似關卡的作用。淋巴結是淋巴管匯流的部位，最具代表性的淋巴結，例如有

「腮腺淋巴結」、「鎖骨淋巴結」、「腋窩淋巴結」、「腹部淋巴結」、「鼠蹊部淋巴結」、「膝後窩淋巴結」等。淋巴結是過濾老廢物質以及毒素的重要器官，其內部構造呈篩網狀。而人體全身上下，包含所有的淺層及深層部位，共有多達六百個淋巴結喔！

我們把淋巴結比喻為廚房裡的排水管好了，排水管若是被垃圾堵住，水流就會變差，流過去的水也會越來越髒，進而產生滑滑的黏液及惡臭。一想到這種狀況正在我們的體內發生，相信你也一定會感到很恐怖吧！

但是該怎麼做才能讓淋巴液的流動變好呢？淋巴管大多分布於皮膚組織中，所以只要運用「轉轉腳踝」並搭配按摩，就能達到良好的循環效果。

■ 淋巴液流動和淋巴結

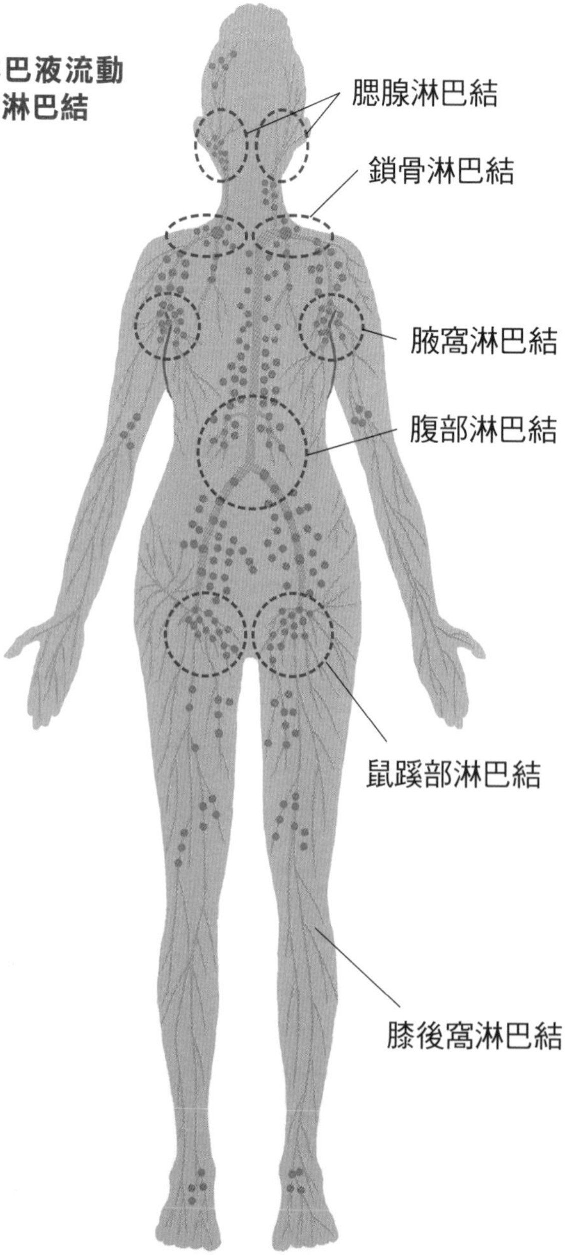
腮腺淋巴結
鎖骨淋巴結
腋窩淋巴結
腹部淋巴結
鼠蹊部淋巴結
膝後窩淋巴結

「冰冷」是造成腳部水腫的原因！

踝骨周圍僵硬又冰冷的人，表示整隻腳都處在水腫狀態

水腫與冰冷間的關係

「水腫與冰冷」就如同「雞與雞蛋」之間的關係。很難說清楚先有何者。

造成冰冷的原因，多數是送出全身血液的心臟幫浦力量變弱，或

是因為血管硬化而導致血液無法運送到全身。腳踝是離心臟最遠的部位，因此也最容易受到影響。

而水腫的原因，則是淋巴液滯留不前，導致老廢物質堆積在細胞之間所造成的。一般來說，只要運用小腿肚的肌肉，靜脈及淋巴管就會產生類似幫浦的作用，將老廢物質往上半身推送。

但是，長時間維持同一個姿勢，或是運動不足、一直穿著很高的高跟鞋，就會導致肌肉萎縮，無法發揮幫浦的作用，體內的水分及老廢物質因而堆積在下半身，產生水腫。

建議一天「轉轉腳踝」三分鐘！

您曾經有過自己按踝骨周圍會感到疼痛，或是觸摸時會感覺冰冷的經驗嗎？這就是老廢物質堆積造成腳部冰冷的證據。

此外，在水腫的狀態下，肌肉會變得僵硬，導致血液及淋巴液循環不良，進而加重冰冷的現象。更甚者還會出現「肌肉僵硬↓脂肪不易燃燒↓皮下脂肪開始堆積↓腳變粗」這樣的惡性循環。如果您擁有「想改善腳部水腫！」的意志，那麼我建議您開始進行隨時隨地都能簡單辦到的「轉轉腳踝」。一天只要三分鐘，就可以讓血液及淋巴液循環變好，腳也會隨之變細。我將從下一頁開始，為您介紹「轉轉腳踝」的方法。

基本篇

「轉轉腳踝」的基礎

POINT

請先放輕鬆坐在地上，並抱著要將腳趾的骨頭放鬆拉開的決心，跟我一起來「轉轉腳踝」吧!!

基本姿勢

坐在地上，把左腳腳跟擺在右腳膝蓋稍微上方處。左手抓好左腳腳踝，將右手手指插入腳趾縫間。

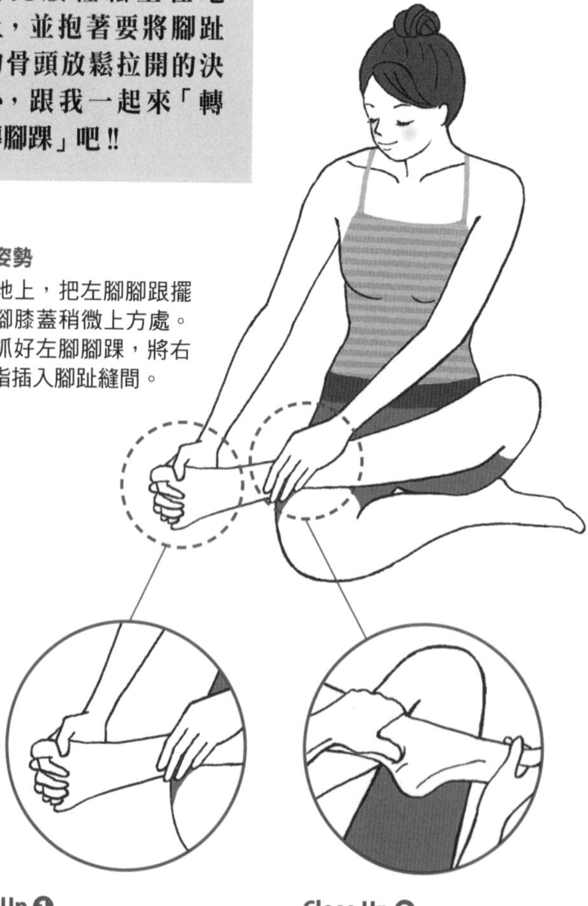

Close Up ❶

大拇指頂在踝骨旁邊。踝骨周圍可是推積了許多老廢物質!!

Close Up ❷

將手指確實插入腳趾縫間。要接近手指的根部喔!!

腳趾太僵硬，手指插不進去。
※ 請有耐心地，一根一根腳趾慢慢來。

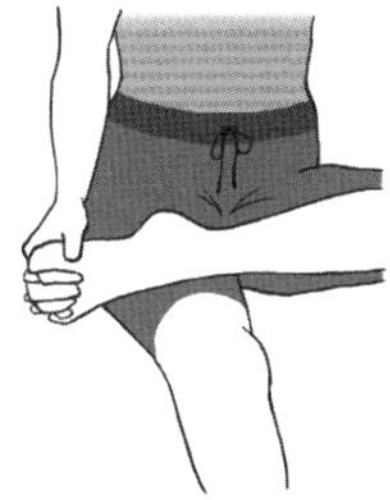

要轉的那隻腳若擺的位置不好，腳踝就無法轉動。

過於勉強的姿勢，會造成腰部負擔。

NG

1 把腳尖拉向自己

先把腳板拉成與小腿呈一直線後，再把腳尖往自己的方向拉。

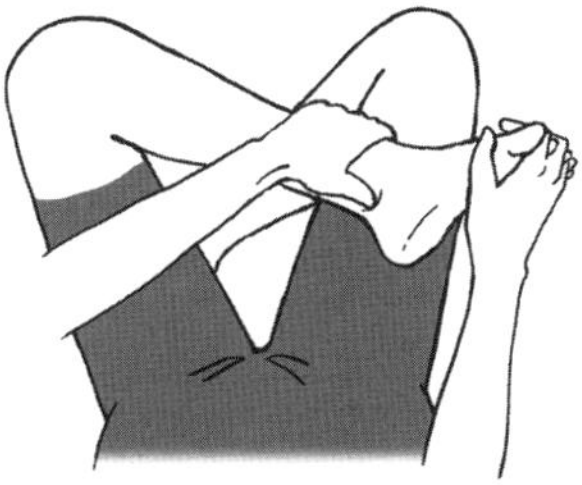

2 大幅度地旋轉腳踝

將腳踝像是在畫大圓般旋轉。順時針（五次）後再逆時針（五次），盡量畫大。

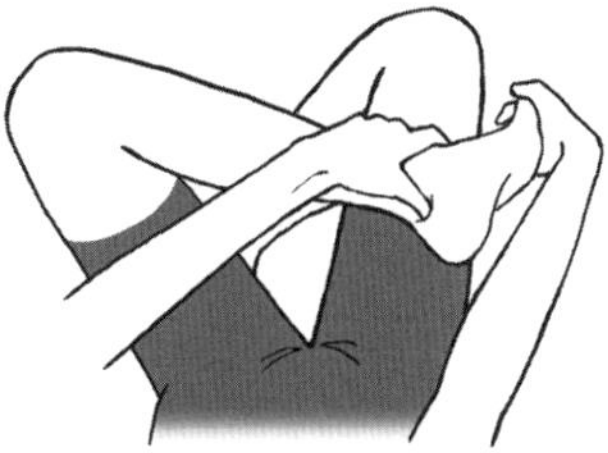

3 將腳尖反折

把腳尖反折到稍微感到極限的位置（感到舒服的地方）。
※ 左右腳各做三次以上。

站著「轉轉腳踝」

POINT

站立姿勢的「轉轉腳踝」，隨時隨地都可以輕鬆進行。請注意身體的平衡，跟我一起來「轉轉腳踝」吧。

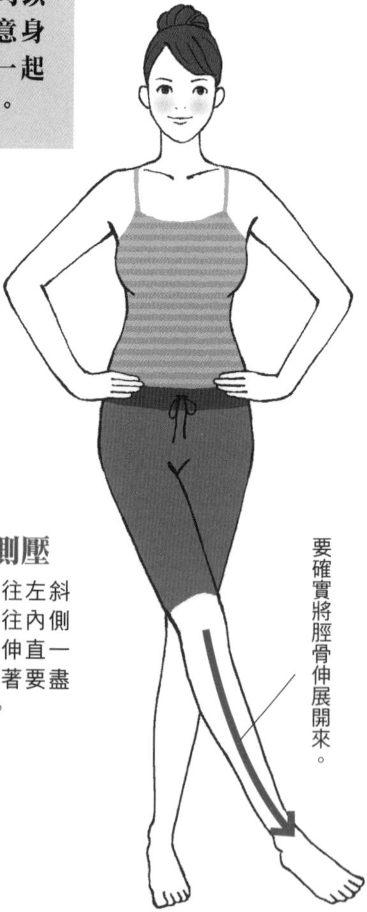

1 將腳尖往內側壓

雙手扠腰，右腳往左斜前方伸出，腳尖往內側壓。如同把腳尖伸直一般，讓自己意識著要盡量把脛骨拉出去。

2 把腳尖往上提

一邊把腳尖往上提，一邊將腳底伸直。
記得確認一下阿基里斯腱有沒有拉開!!

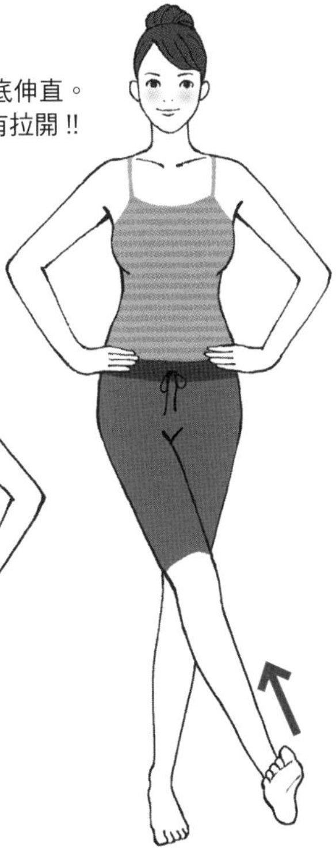

3 拉伸腳內側

用大拇趾沿順時鐘方向畫圓，請注意將腳內側伸直，之後再沿逆時鐘畫圓。各做三次。

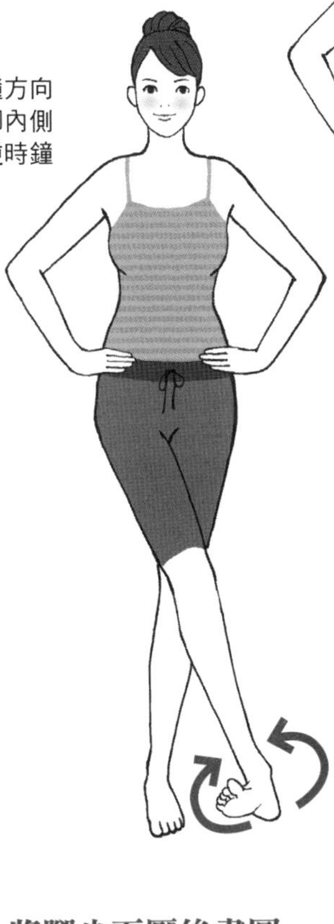

4 將腳尖下壓後畫圓

將腳尖下壓後畫圓
慢慢把腳尖往下壓畫圓後，回到開始的位置。
※ 另一隻腳也按相同步驟動作。

應用篇

躺著「轉轉腳踝」

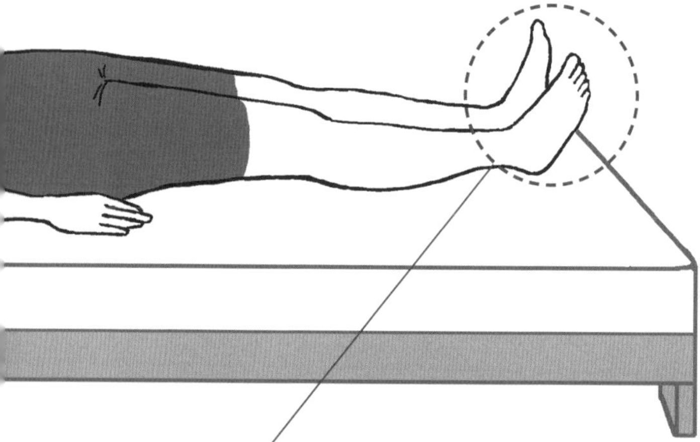

Close Up
在放鬆的狀態下，確認一下自己腳尖的方向。

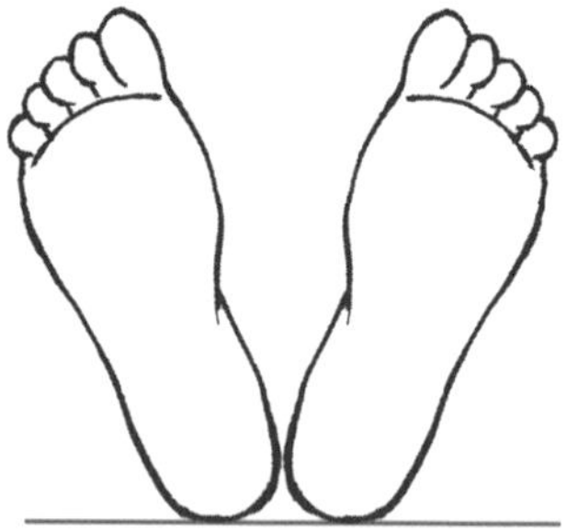

※ 腳尖打開時，最好的狀態是左右對稱

POINT

當你想用輕鬆的姿勢「轉轉腳踝」時，可以使用這個方法。重點是要將全身的力量放鬆！深吸一口氣後，再跟我一起來「轉轉腳踝」吧。

1 仰躺

仰躺在床上，掌心平放在床墊上，放鬆全身力量。

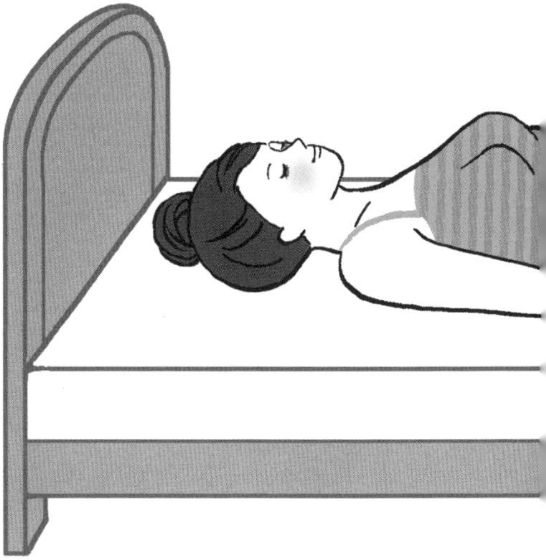

2 將腳尖往前伸直

將腳尖往前伸直，請注意膝蓋也要打直。

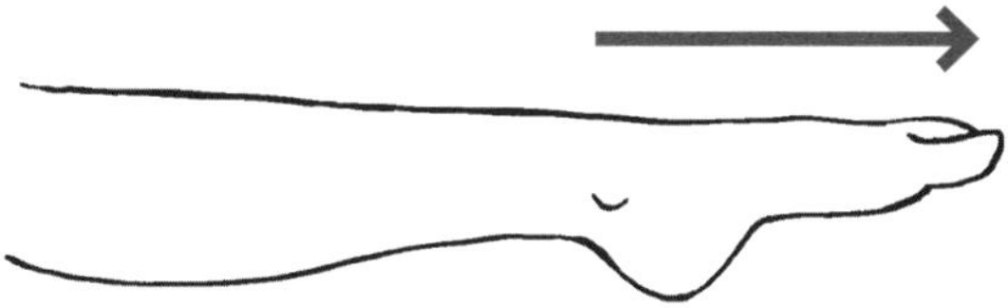

3 指尖往上彎

把拇趾往臉的方向彎，要注意有沒有伸展到阿基里斯腱。

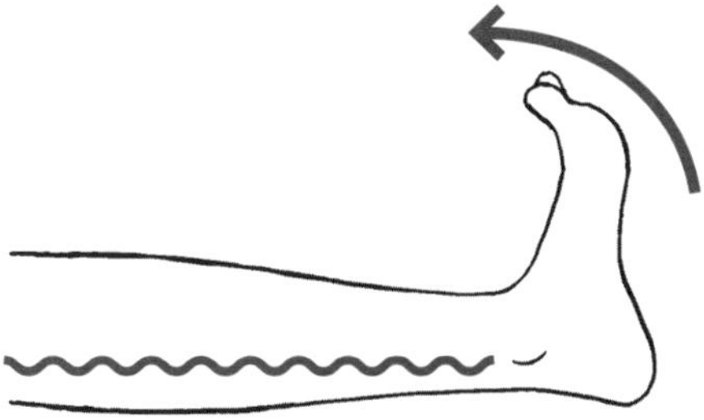

※ 左右腳重複步驟 2 ～ 3 各五回，做三次以上。

在各種場合中都可以「轉轉腳踝」

POINT

「轉轉腳踝」可以在各種情境下進行，不但可以自己一個人做，和同伴一起做也會有新的發現喔。

坐在椅子上

即使是在工作中，穿著鞋子也可以「轉轉腳踝」。

泡澡時

因為有水的浮力相助，即使身體僵硬，也可以輕鬆地「轉轉腳踝」。

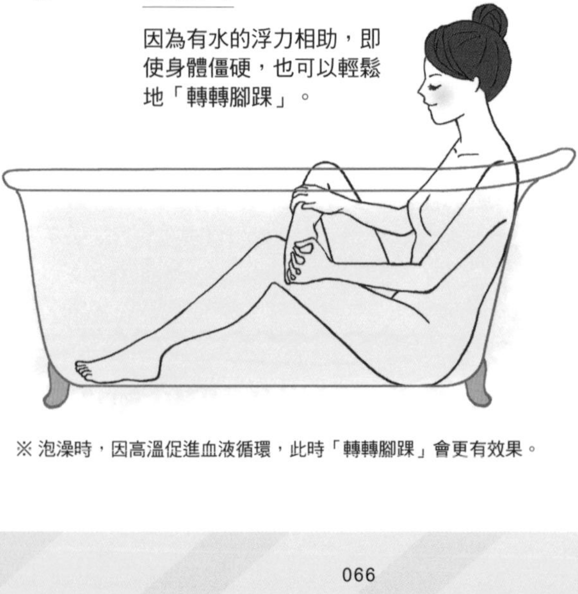

※ 泡澡時，因高溫促進血液循環，此時「轉轉腳踝」會更有效果。

和同伴一起

偶爾也不妨嘗試和同伴一起「轉轉腳踝」吧。

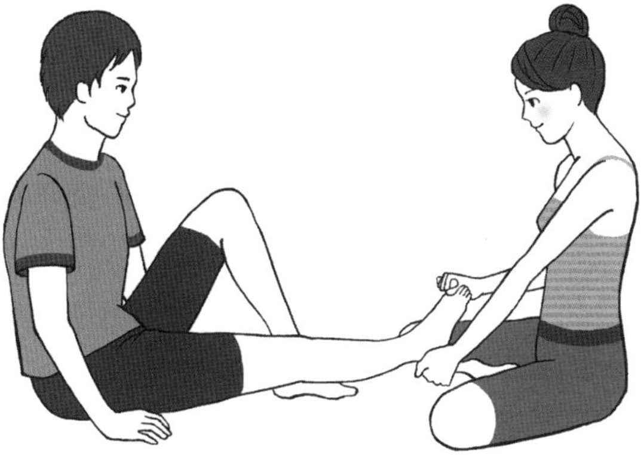

1 把自己的手指插入對方的腳拇趾及食趾間

用手掌將對方的腳跟包裹握住，再將自己的拇指插入對方的腳拇趾及食趾之間，並牢牢抓好。

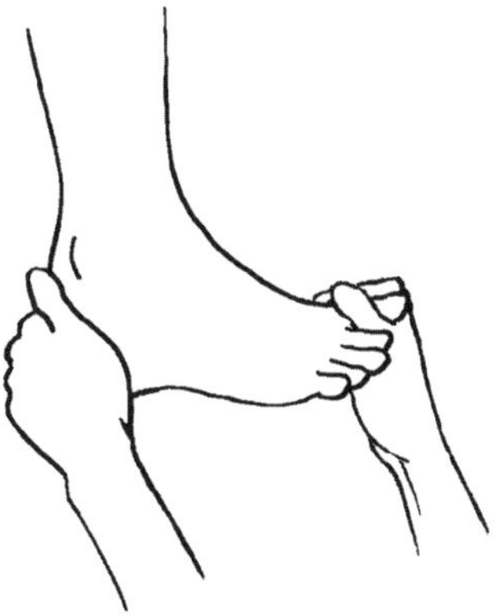

2 將腳拇趾往內側彎曲

稍微拉一下腳跟。抓住對方腳拇趾，往內側彎後腳踝也會跟著轉。

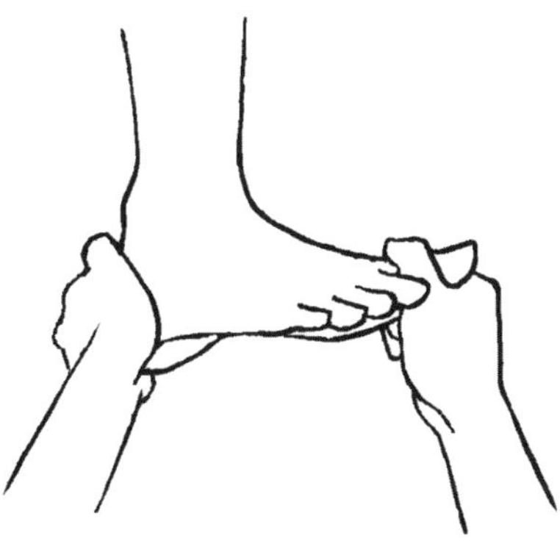

放鬆全身骨骼

POINT

以全身骨骼像是從腳跟往上堆積的感覺般，夾臀、縮小腹，筆直站立。放鬆緊繃的肌肉，感覺骨頭像是可以自由活動一樣。

1 將身體的五個點貼在牆壁上

將腳跟、小腿肚、屁股、肩胛骨、頭等部位緊貼牆壁。

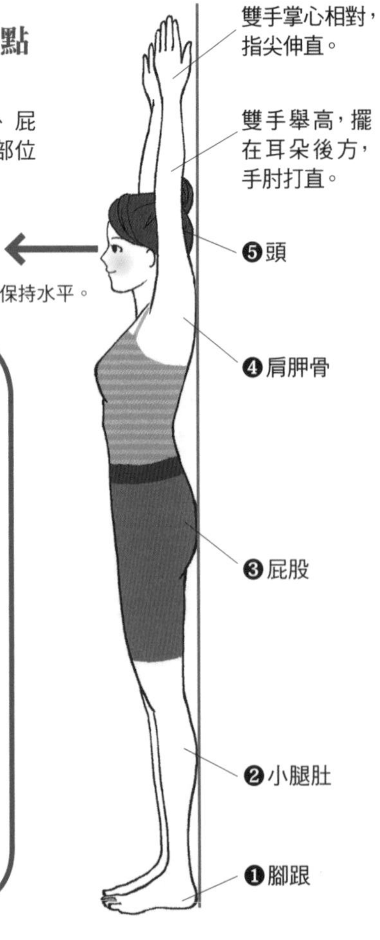

另外，肩膀會往前傾的人可能有一點「駝背傾向」；屁股完全緊貼牆壁的人可能有「骨盆前傾」的症狀。

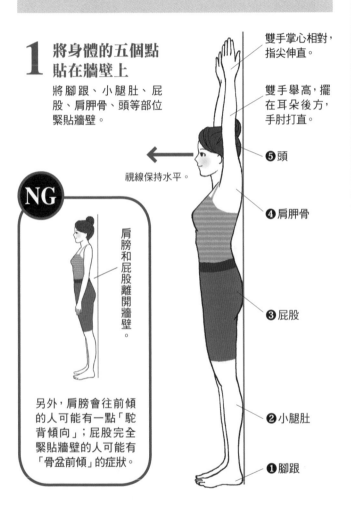

2 把頸部往前倒

往前踏一步，邊吐氣邊放鬆全身力量，手臂自然垂下，放鬆手臂及肩膀。把注意力放在頸部骨頭（7 節頸椎骨）上，慢慢地低頭。

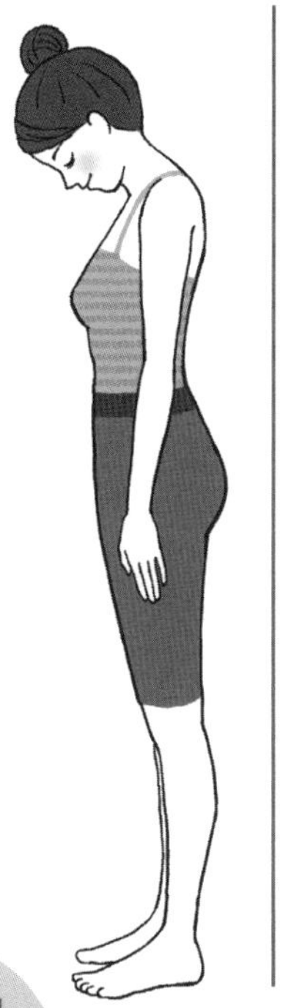

3 慢慢將上半身往前倒，全身放鬆

像是要活動每一節骨頭一般，
慢慢彎到腰椎。

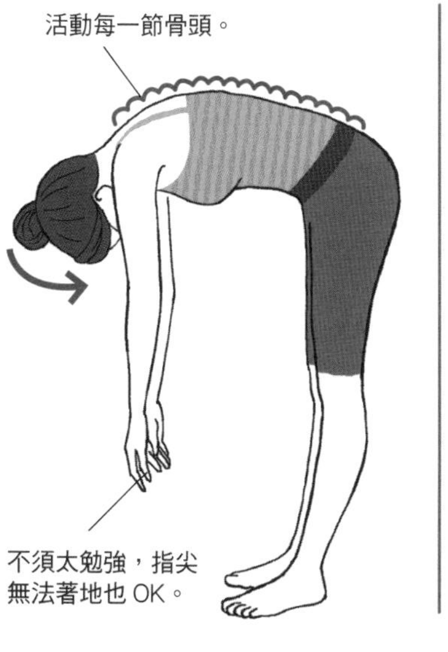

※ 一邊感受頭部、手臂的重量，
一邊將肩膀、胸椎往前倒。

將注意力集中在骨頭上
感受每塊骨頭的動作!!

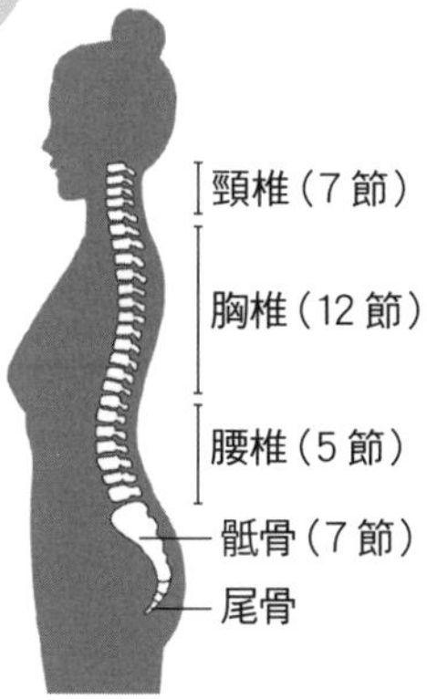

美腿專欄

用頭部按摩
來解除眼睛疲勞！

你是否正為眼睛疲勞引起的眼部深處疼痛、頭痛、頭部後方疼痛等狀況困擾呢？眼睛疲勞，多半是由血液循環不良引起。

具速效性的改善方法是溫熱眼睛，讓頸部以上的血液循環變好。頭部按摩也很有效果！頸部以上血液循環不良時，頭皮肯定相當僵硬。讓頭皮放鬆後，視線也隨之明亮，神清氣爽！還有拉提臉部的效果。

Plus α

刺激眼睛周邊也很有效果！

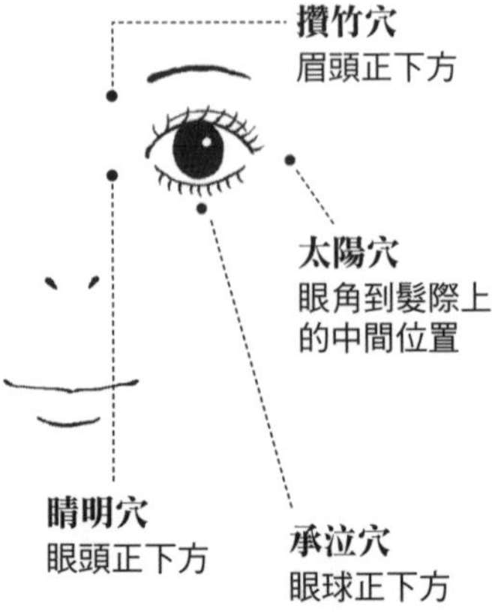

頭部按摩

1. 「轉轉腳踝」後，由上往下按壓頸部肌肉。
2. 兩手按摩整個頭部，僵硬部位會感到疼痛，慢慢地按壓使它放鬆。
3. 從頭頂往後腦方向按壓，再回到頭頂。接著往耳朵方向，一點一點按壓。
4. 抵達耳朵後，接著揉壓髮際部位。

STEP 2

利用「轉轉腳踝」矯正腿部骨骼歪斜！

只要轉轉腳踝，就可以矯正身體歪斜！

那麼，來確認一下舞衣身體的歪斜情況吧。
眼
肩
腰
髖骨
膝
腳踝
判斷身體是否有歪斜，就要看這6點。
check左右連結的線是否平行!!
腳踝、膝蓋、髖骨、腰、肩膀、眼睛
接著就來看看，這些部位上，連結左右兩點的線是否與地板平行。
舞衣的骨盆歪斜得很嚴重呢，矯正好這個部位後，O型腿也會獲得改善！
啊！
真的嗎！我一直對自己的O型腿很煩惱。
X型腿
O型腿
X型腿也能矯正好喔！

好厲害喔！
呵呵呵！
為什麼「轉轉腳踝」後，就可以改善身體歪斜呢？
話說回來⋯⋯
這是因為，當腳踝變柔軟、腳踝的可動範圍變大之後，
膝蓋就能回到正確位置上。
身體上所有的部位都是相互連結的，
當身體從頭到腳，所有的部位組合起來後，才能成為一個人。
腳踝和膝蓋、骨盆、頸部等所有的骨骼，都有牽一髮動全身的緊密關係。
嗯嗯！

其中腳踝更是
檢視身體健康
及體型的重要指標。
一週後
體重明明毫無變化啊？
太棒了！
只是一天做三分鐘「轉轉腳踝」而已，
下半身變得好輕盈！
纖細
真的非常簡單
請試著持續下去！
在晚上「轉轉腳踝」後，
隔天早上腳就會變細喔！
原來如此！
我早上、晚上都會「轉轉腳踝」喔！

改善骨骼歪斜，朝美腿邁進！

利用「轉轉腳踝」放鬆骨盆腔，下半身輕盈舒爽！

全身上下各部位，都是相互連結的！

我之所以深入學習關於人體的一切，全是因為對「Holistic」（整體）這個詞彙感到衝擊與感動。自從認識了「整體醫療」的個中翹楚帶津良一醫師後，我對人體產生更深的興趣。

「Holistic」有著「整體性」、「全面性」、「綜合性」、「總括性」的意思。沒錯！人類的身體無法分解成零件（單一部位）。從頭到腳，由好幾個部分組合起來才是一個完整的人。此外，無論是腦、心臟、肝臟、骨頭、血管、淋巴管或是皮膚，全都相互連結，互相協助、取得平衡，人體即是建立在這樣的基礎上。

透過美體工作，以及自身保養的過程，真的能夠深切地感受到「人體全身上下都是相互連結的」。

與其矯正骨盆，不如矯正腳踝

從各種經驗中，我得出了這項結論：「腳踝」是檢視健康及體型的指標。腳踝僵硬的人，多數都有一些健康狀況，例如腳部水腫、脂肪容易堆積在不必要的地方等等的煩惱。從自己的減肥經驗也可得知，腳踝、膝蓋、骨盆、脊椎、頸椎等等的關節，彼此之間有牽一髮動全身的相互關係。只要將腳踝矯正好，髖關節及上半身自然而然就能調整至正確的位置，姿勢也就會變好。

骨盆減肥法在最近受到關注，但在矯正完骨盆後，全身就能隨之調整好嗎？骨盆在人體中是連結上半身與下半身的重要關節，但如果只是調整好骨盆的狀態，而腳踝的狀況依舊不佳（僵硬、不柔軟），那麼骨盆也很快就會回到原本不好的狀態。

腳踝與骨盆的關係

在日常生活或坐或站中，若是腳踝僵硬，骨盆也會隨之歪斜。說起來，骨盆並非一整塊大骨頭，而是由「骶骨」與其前端的「尾骨」、骶骨兩側的「腸骨」、「坐骨」及「恥骨」所組成的。「恥骨」與「尾骨」是由連結雙腳的髖關節進行調整。所以，當腳踝柔軟、膝關節放鬆後，髖關節跟著變柔軟，骨盆歪斜也因此得以改善。

骨盆調整好後，兩腳自然能取得平衡，而堆疊其上的腰椎、胸椎、頸椎也能夠挺直。

骨盆還身負保護卵巢、子宮及內臟的重要任務。骨盆一旦歪斜，子宮及卵巢也無法正常運作，可能因此導致生理痛。而當卵巢可以順利分泌荷爾蒙時，血流和代謝會變好，肌膚狀況、手腳冰冷及水腫，甚至是便秘都能夠得到改善，這是多讓人開心的事啊。

至此，大家都可以了解讓腳踝柔軟是多麼重要的一件事吧。

解決生理痛及腳水腫問題

在我的客戶當中，許多人有生理痛或更年期障礙的煩惱，但我發現她們的腳踝幾乎都非常僵硬，「轉轉腳踝」對有這些困擾的人也十分有效。把腳踝放軟，膝關節、髖關節一旦獲得放鬆，那麼就能矯正骨盆歪斜的情況，也自然能夠改善卵巢及子宮的問題。

在美體保養工作中加入「轉轉腳踝」這個程序，不但可以軟化腳底的老廢物質，也可以拉筋伸展擴大髖關節的可動範圍。如此一來，下腹部的不舒適感、不自然感、沉重、疼痛等問題皆可得到舒緩。理解其中的原理之後，我相信您也一定能認同其效果。

骨盆一旦能順暢移動 就能提升女孩魅力！

骨盆腔開闔與排卵、月經有著密不可分的關係。月經來時，骨盆腔就會舒張開來，而且會在月經來的第二天張開到最大。
之後便會漸漸閉合，通常是在排卵前後最為緊密。但是，若骨盆出現歪斜的情況，就可能造成在月經前骨盆腔便已呈現最為緊密的狀況。
為了能讓排卵及月經的節奏正常，最重要的關鍵就是骨盆必須處在正確的位置上，而且骨盆腔還必須要能夠順利開闔。

每個人都能自行檢驗的六個重點！

自行檢視身體歪斜

千萬別錯過身體發出的訊號！

當你在化妝的時候會照鏡子，但你會用全身鏡來檢視自己嗎？請好好地觀察，鏡中自己的臉、肩膀的高度、腰的位置、腳的方向及粗細等等。然後再進一步摸摸自己的身體，確認皮膚的狀態、柔軟度及水腫的情況。

身體每天都有變化，細胞會重生，皮膚也會新陳代謝，特別是女性的身體除了受排卵、月經等荷爾蒙週期的影響之外，還會因為飲食、運動、壓力等內外因素而產生改變。為了維持一種恆定狀態，身體會自行進行細微的調整來保持平衡。身體發出警訊就是細微調整時的一種表現，這讓我們可察覺到身體發生了異常。而身體歪斜就是其中一種警訊。

自我檢視身體歪斜！

那麼，接著我們就來嘗試看看，用肉眼就能察覺「歪斜檢視」的具體方法吧！首先，雙腳併攏站好，此時腳跟內側要貼在一起，腳尖稍微張開也沒有關係。膝蓋不要彎曲，雙腳膝蓋內側互相貼住。插圖上所畫的這六條線，請確認是否都與地面成平行呢？身體出現歪斜的人，就會出現幾條無法與地面平行的線。

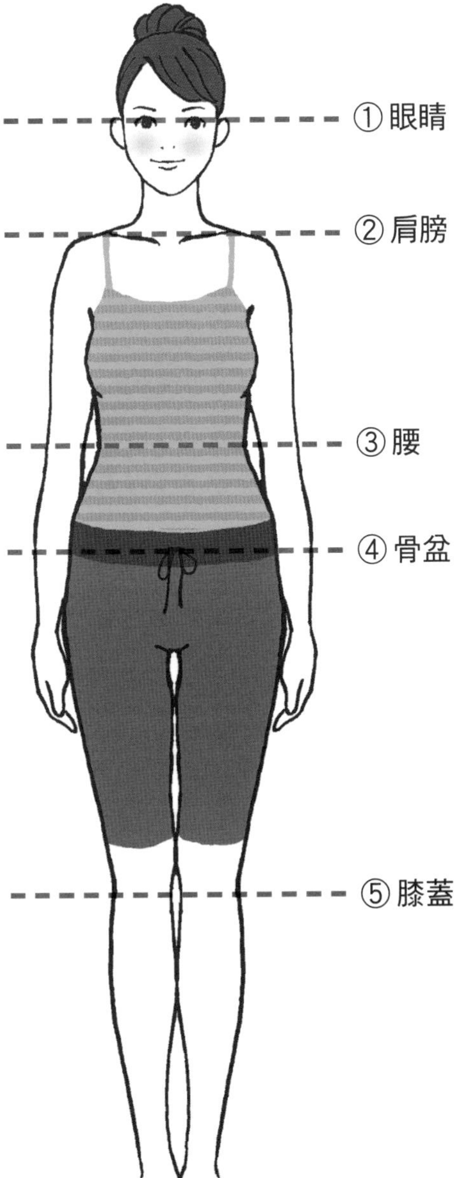
①眼睛
②肩膀
③腰
④骨盆
⑤膝蓋
⑥腳踝

不只能瘦，還能矯正歪斜
腳踝柔軟後，矯正O型腿和X型腿，擁有一雙美腿！

腳踝柔軟後，膝蓋也能回到正確位置

因為從事美體的工作，我見過許多關節歪斜的客戶。人體是由二〇〇～二〇六塊骨骼組成，所有骨頭間的連結點都是關節。若是連結點太過僵硬，淋巴液及血液的循環就會不順暢，因此也就容易形成水腫。

透過「轉轉腳踝」，關節得以放鬆，就能消除水腫。此外，腳踝是由細小骨頭所組成的部位，如果將一個一個關節的可動範圍擴大，也可以改善歪斜。當然就能解決關節變形或錯位等等的煩惱。

矯正關節歪斜，就能改善O型腿或X型腿

當腳踝的可動範圍變大時，膝關節、髖關節以及骨盆就能夠同時放鬆。離腳踝最近的關節是「膝關節」，膝關節是「大腿」（大腿骨）和「小腿」（脛骨）的連結點，除了大腿骨與脛骨外，還有被稱為「盤子」的膝蓋骨，膝關節便是由這三種骨頭所組成的。

大腿骨與脛骨、膝蓋骨與大腿骨的接觸面（關節面），被一種稱

為關節軟骨的緩衝物質所包覆，而大腿骨與脛骨關節面的緩衝物質，則是上弦月型的半月板。

膝關節是支撐體重的重要關節，透過與髖關節及腳踝的合作，才能做到「站立、走路、彎腰」等動作。「轉轉腳踝」後，應該能夠感受到膝關節及髖關節也跟著放鬆。

若是膝蓋太過僵硬，身體的動作亦會變得不安穩，所以擴大可動範圍相當重要。相互合作、影響的關節放鬆後，腳型隨之變美，自然就能進一步改善O型腿或X型腿問題。

骨頭與肌肉的作用

骨頭支撐全身，肌肉保護內臟

骨頭與肌肉間的關係

人體的骨頭總數約有二〇〇~二〇六塊，人體本來就可以只靠骨骼來支撐。此外，支撐骨頭的肌肉約有四〇〇種以上，占總體重的四〇%左右。身體是靠「肌肉收縮」及「出力緊縮」這兩種肌肉動作支撐著。

但當身體出現歪斜時，為了支撐歪斜的身體，肌肉就會緊張出力，形成緊縮僵硬的狀態。當這種情況發生時，神經會受到壓迫，導致被壓迫點的部位產生障礙、妨礙血液循環，這便是造成肌肉僵硬與痠痛的原因。

肌肉軟弱無力，很難變瘦！

除此之外，肌肉還有支撐臟器與脂肪的任務。站立時，人體內的器官會呈現堆疊在骨盆腔上的狀態，所以若是骨盆腔太過鬆弛，臟器就會落入骨盆腔內。

若出現這種情況，臟器便會受到擠壓，也可能出現機能失常、小腹凸出，以及腸子蠕動緩慢造成便秘，或是子宮及卵巢脫離正常位置所造成的生理不順或生理痛，還有髖關節不正常扭轉所造成的O型腿等現象。

此外，骨盆歪斜會導致肌肉被骨盆強行拉動，容易沉積老廢物質，也會進一步使得血液循環不良、新陳代謝效率低落，也就不容易變瘦。

因為腳部有較多的肌肉，「轉轉腳踝」時牽動的肌肉數量非常多。在肌肉幫浦的協助下，可以期待「下半身動作流暢＝血液流速上升＝代謝變好，變成易瘦體質」的效果。

了解腳部骨頭構造

身體四分之一的骨頭集中在腳掌上！

腳掌是身體中等同於「地基」的重要部位！

接著讓我們更深一層認識。人體約有二〇〇～二〇六塊骨頭，腳掌是由十四塊趾骨（近節趾骨、中節趾骨、遠節趾骨）、五塊蹠骨、七塊跗骨，和種子骨後單腳二十八塊、雙腳共五十六塊骨頭組成。

也就是說，全身有四分之一的骨頭集中在腳掌上。這些骨頭藉由韌帶及關節囊連結，腳掌對直立生活的我們來說，等同於「身體的地基」，是很重要的部位。腳踝能不能柔軟活動有著天地般的差距。

■ 腳掌骨頭名稱

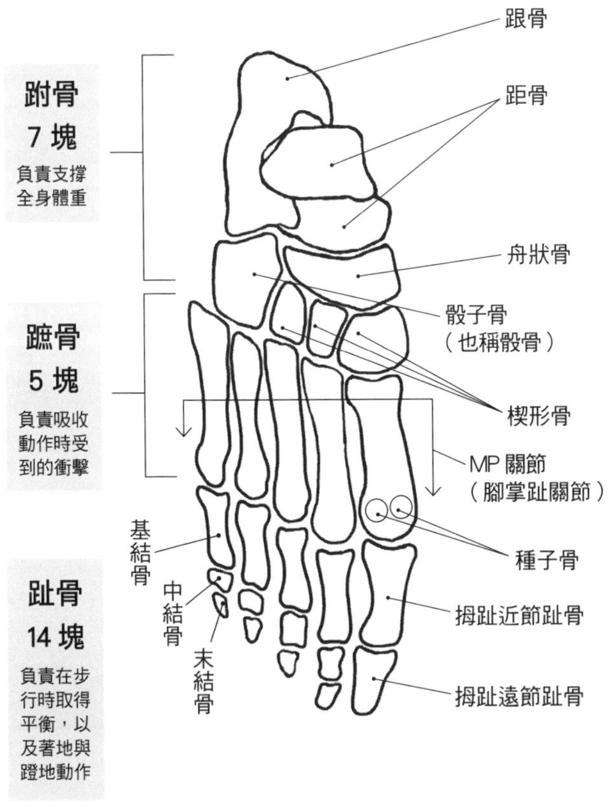

腳掌上「三個足弓」的作用

腳掌由二十八塊骨頭組成，其再各自構成三個擁有重要機能的足弓：「內側縱向足弓」、「外側縱向足弓」、「橫向足弓」。足弓透過連鎖動作達到「吸收地面的衝擊」、「高效傳導著地時的能量」、「保持姿勢」等重要任務。因此，這三個足弓需要擁有彈簧般的彈性。腳踝若是太過僵硬，足弓便無法發揮作用，所以建議大家「轉轉腳踝」。

最近常見的是因內側縱向足弓（腳掌不著地處）失去彈簧功能，弓型崩壞而成為「扁平足」的人；或是橫向足弓塌陷，腳掌形狀向兩側擴張成為「張開足」的人。扁平足因為內側縱向足弓塌陷因素，腳較容易感到疲累，且容易水腫。而張開足的人則是橫向足弓塌陷，導致腳掌變寬，也是造成拇趾外翻的原因之一，要特別注意。

■ 三個足弓

內側縱向足弓

就是一般所知，腳掌內側不著地的部分。原本這個足弓即使承受了全身體重也不會因而消失，但近年，出現了許多內側縱向足弓消失，變成「扁平足」的人。

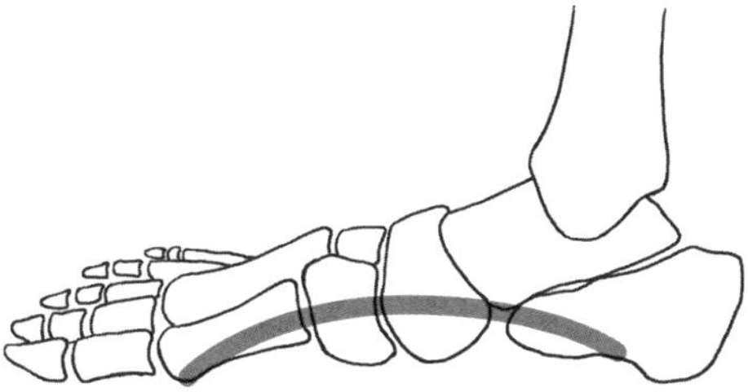

外側縱向足弓

這個部分的足弓，不像內側縱向足弓一般，明顯到可以目視，但從骨骼構造上來看，確實是個足弓。當承受體重壓力時，會讓腳背擴張以保持身體平衡，是個讓腳可以支撐體重的重要部位。

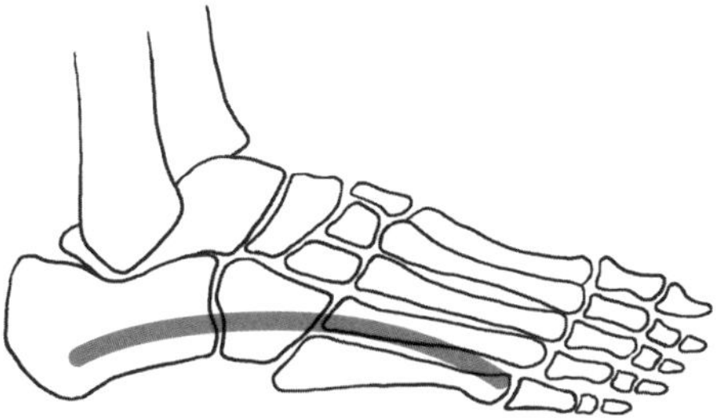

橫向足弓

這個足弓另外還可分為「前方」、「中間」、「後方」三個部分。在腳底的腳趾根部隆起處，可摸到一排橫向排列骨頭。這個部位就是「前方橫向足弓」。由前方橫向足弓往後摸，會摸到一處凹陷處，此處即是「中間橫向足弓」。此外，腳背最高處的正下方就是「後方橫向足弓」所在位置。

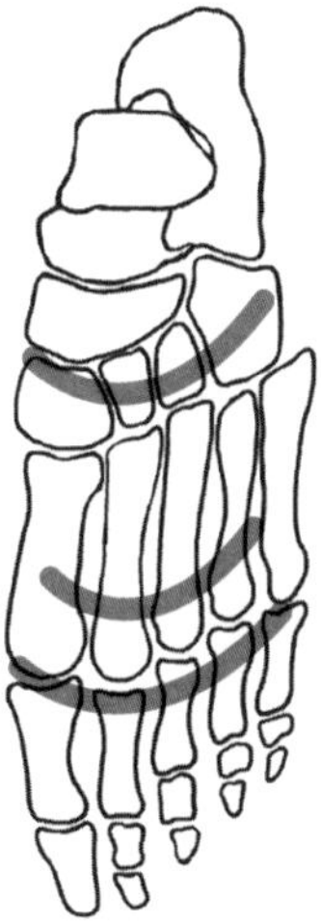

美腿專欄

身體歪斜
會讓下腹凸出?!

雖著年齡增長，女性朋友會漸漸在意起小肚子是不是跑出來了。女性比起男性擁有較多皮下脂肪，多少有點無可奈何，但其實身體歪斜也是原因之一。

舉例來說，長時間坐在辦公桌前工作，會讓上半身持續處在緊張的狀態中。而且若是坐姿不正，就會讓小腹凸出來。

掌握住幾個要點後，就可以預防小腹凸出。首先要將骨盆保持直立，且要注意脊椎的彎曲（S字），另外還有一點很重要，要特別注意活動上半身肌肉。如此一來，還可以達到縮小骨盆的效果，可說是一箭雙鵰。

可能很多人都覺得「瘦肚子＝仰臥起坐」，但其實在身體歪斜狀態下做仰臥起坐，反而容易引起腰痛，或是讓腹部體積增厚喔。

最先要做到的，就是改善身體歪斜問題。轉轉你的腳踝，重新找回沒有歪斜的身體吧！

STEP 3

利用腳踝
按摩出一雙美腿

雙重功效

「轉轉腳踝＋按摩」可以加倍排毒

加倍排出堆積在腳上的老廢物質

老廢物質之所以會堆積在腳上，是因為「新陳代謝下降」、「直立步行時的重力影響」……因此，血液循環容易變慢，老廢物質也會日積月累。

腳是「身體的地基」，是身體最基礎的部分。腳底和腳踝具有

「幫浦作用」與「緩衝功能」，也就是維持下半身血液循環及減緩關節傷害的作用。此外，支撐體重的「安定性」及「可動性」也是它們的重要任務。吸收衝擊、調整動作，讓身體維持平衡不倒下，才是它原有的正常狀態。

藉由轉轉腳踝達到讓關節柔軟的目的，排出因重力而向下沉積的老廢物質，可改善血液及淋巴液的流動。此時，再加入按摩後，轉動腳踝時就可以加速排出累積在腳趾尖的老廢物質，雕塑出更加健康的美腿！

從腳底開始，往心臟方向按摩

接下來要介紹的按摩，是沿著淋巴管往心臟的方向進行。首先，請一邊把堆積在「腳底」的老廢物質挖出來，再一邊沿著「腳背↓腳踝↓小腿肚↓膝蓋周圍↓大腿↓大腿根部」的方向，仔細地從腳底按摩到大腿根部。

「轉轉腳踝」和按摩絕非難事，它不但符合人體原理，也是對人體非常溫和的保養方法。首先，一天之中請花三分鐘在自己的身體上。接著注意自己的身體，試著去感受在隔天早上身體所感到的輕盈感。詳細的按摩方法將從第一〇二頁起開始介紹。那麼，讓我們開始試試看吧！

雕塑美腿的最後步驟

不只是整雙腿，連膝蓋也輕到嚇人！

上廁所次數增加，腳變纖細！

「轉轉腳踝」再搭配「按摩」，將會擁有加倍的效果。藉由「轉腳踝」可以較易將累積在腳趾間多餘的水分及老廢物質排出體外，還可以讓膝關節及骨盤等關節放鬆。接著加入按摩後，效果就會超乎想像。

我自己除了進行「轉轉腳踝」之外，另外也加入包括腳踝在內的腳部按摩，因此上廁所的次數也急速增加，隔天，雙腳的輕盈感及纖細程度更讓我感到驚訝。因為腳是離心臟最遠的部位，水腫和冰冷症狀都會在不知不覺中加重。

剷除貼附在膝蓋上的贅肉，肌膚也跟著變得光滑！

當膝蓋周圍黏著一圈贅肉時，整雙腳就會突然看起來「很老」。但是這個部位，即使運動也不容易瘦下來。贅肉形成的原因，幾乎都是因為淋巴液流動不順暢所造成的。只要細心按摩膝蓋周圍，不只膝關節的活動會變好，外觀也會變得非常清爽。

其中，最重要的是要將離膝蓋關節最近的淋巴結，也就是「膝後窩淋巴結」揉開。按摩這個部位時，幾乎所有人都會感到疼痛，請先作好心理準備。將手指戳進位於膝蓋後方的淋巴結裡，像是要把東西掏出來一樣，把淋巴結揉開。

如此一來，累積在膝蓋周圍的老廢物質就會開始流進淋巴結裡。膝蓋後方及側面也有許多老廢物質，促進老廢物質的流動是相當重要的。此外，膝蓋的皮膚保養很容易被忽略，若不使用乳液之類的保養品好好保養的話，皮膚會變硬且變黑……但在按摩之後，血流會變得順暢，肌膚也會變得光滑。

POINT

腳底累積了許多老廢物質，雖然可能覺得很僵硬，按起來很痛，但請好好地按摩，讓腳底放鬆。

1 按壓湧泉穴

可以在腳底塗上乳液，讓手指更好滑動，接著再按壓湧泉穴。

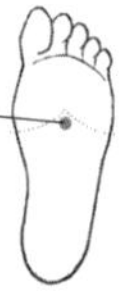

湧泉穴

當五根腳趾同時向內側彎曲時，會出現一個凹陷，這就是湧泉穴所在處。

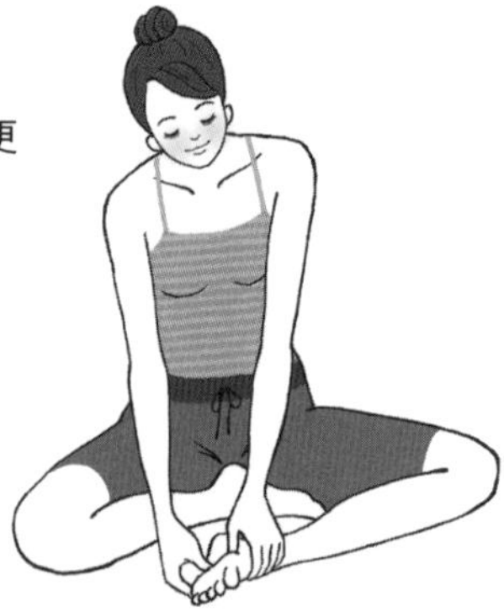

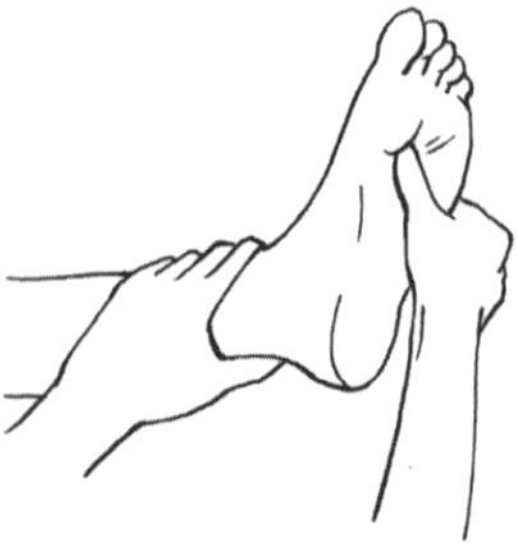

2 按壓湧泉穴到拇趾與食趾間的部位

這個部位特別容易堆積老廢物質。常穿高跟鞋的人，這邊會特別僵硬。

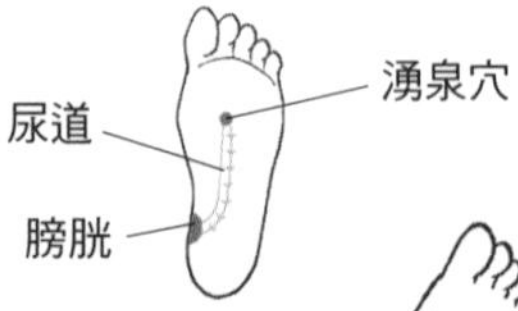

3 用手指邊按壓，邊劃出一個弧度

用手指從湧泉穴往腳跟方向按壓，以滑動的感覺畫出一個弧度。此處有尿道及膀胱的穴道，請務必要徹底按壓。想像要在這邊做出一個通道。

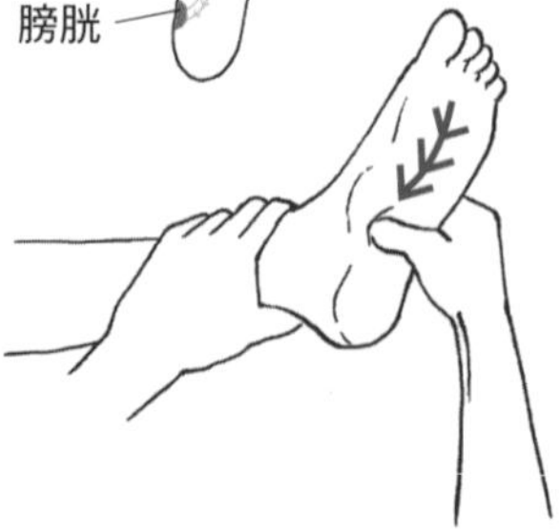

美腿按摩 2

腳背按摩

POINT

腳會水腫的人，腳背上也堆積了許多老廢物質！ 按摩時要把注意力放在趾骨、蹠骨（位置請參照 P.91 圖示）上。

1 從腳趾之間往上按

在腳背塗上乳液，手指會更容易滑動。

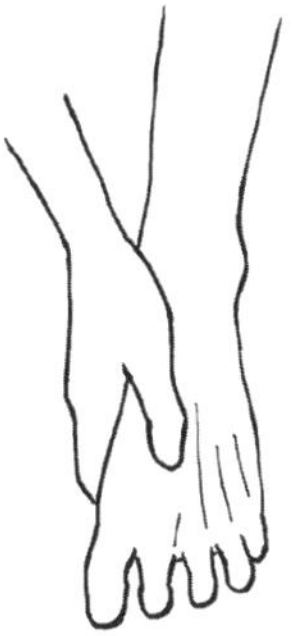

2 往腳踝的方向按壓

腳背的骨頭與骨頭間有非常多老廢物質，將這些頑固的老廢物質由腳尖往腳踝聚集。

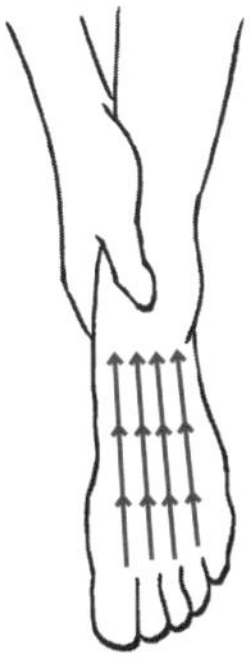

※腳踝周圍有上半身淋巴腺、下半身淋巴腺、鼠蹊部的反射區，所以要徹底按壓！

腳背的反射區

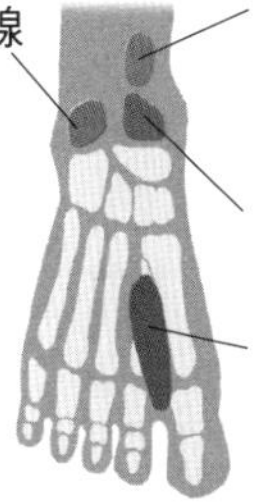

什麼是反射區？

與身體各種器官及部位相連結的末梢神經集中區域。按摩這裡可以刺激相連結的器官與生理機能，讓血液循環變好。

美腿按摩 3

腳踝周邊按摩

POINT

許多老廢物質會堆積在腳踝內側。
腳踝內側周邊有髖關節（內側）、
下半身淋巴腺及鼠蹊部的反射區。

1 抓好腳踝內側

拇指抵在踝骨稍微下方的位置，
中指、食指則抓住腳踝外側。

腳踝內側反射區

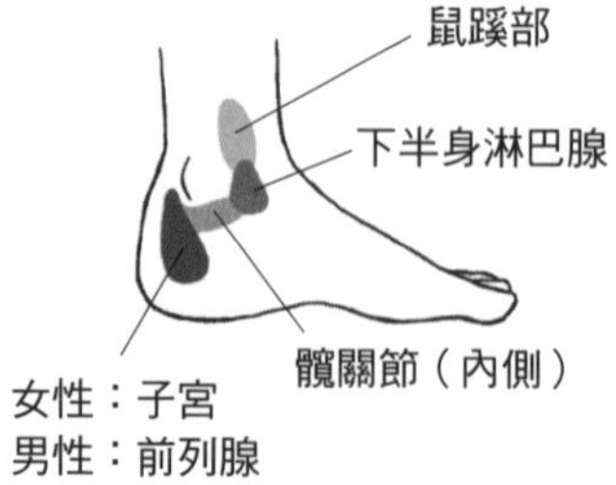

2 用拇指按壓三角區域

均勻按壓這個三角區域。雖然
很痛，但請確實按壓喔。

3 按摩腳踝內側

看著反射區的圖，仔細按摩腳踝周圍，讓頑固的老廢物質變得柔軟容易流動。

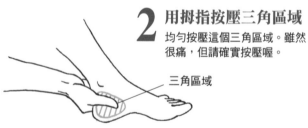

POINT

腳踝外側也堆積相當多老廢物質，腳踝外側周邊有髖關節（外側）和上半身淋巴腺的反射區。

1 抓住腳踝外側

用拇指、中指、食指抓住腳踝外側，均勻按壓這個三角區域，雖然很痛，但請確實按壓喔。

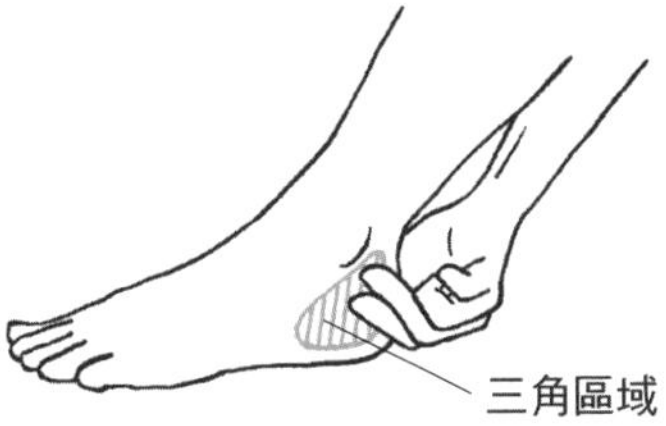

2 手指往上按壓

感覺像是抓著阿基里斯腱，讓手指往上滑動，一直按到膝蓋後側的淋巴結。

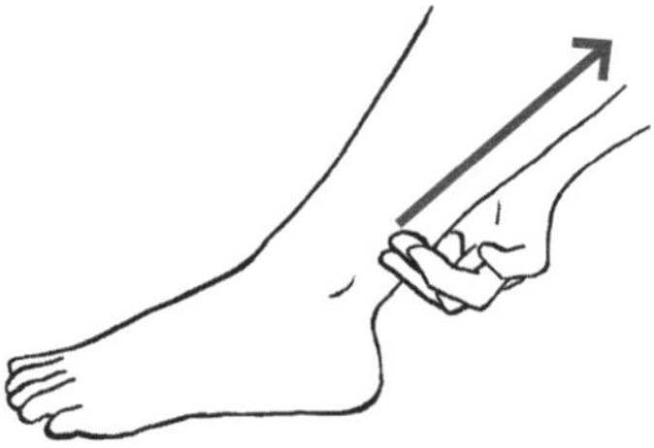

3 按摩腳踝外側

邊看著反射區的圖，仔細按摩腳踝周圍，讓頑固的老廢物質變得柔軟容易流動。

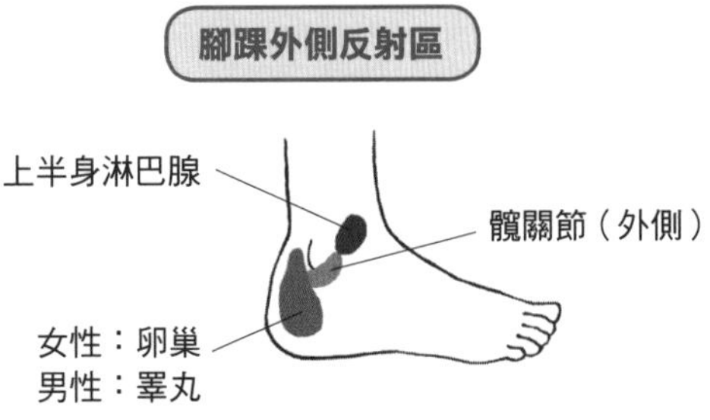

小腿肚按摩

POINT

小腿肚肌肉軟弱無力就會導致血液滯留，成為容易堆積老廢物質、手腳冰冷及水腫的原因。讓我們一起讓血液及淋巴液的流動變好吧！

把老廢物質引流進淋巴結裡

1 抓住阿基里斯腱，按摩

用拇指和食指抓住阿基里斯腱，按摩。

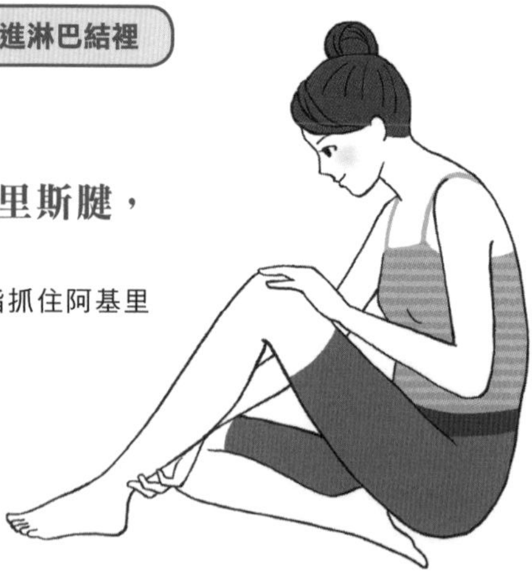

2 按摩小腿肚

用拇指和其他手指抓住小腿肚，由下至上按摩。

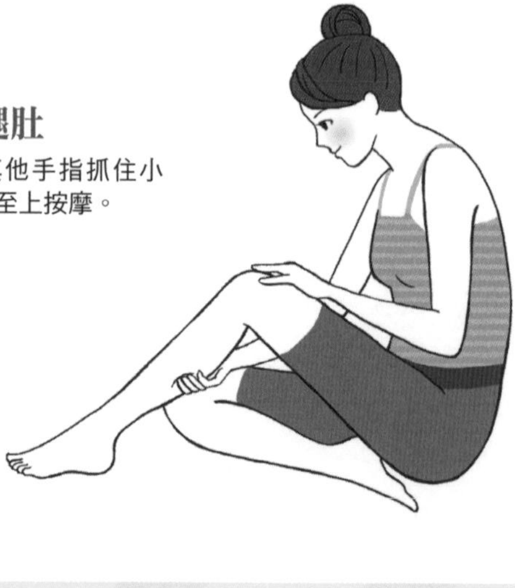

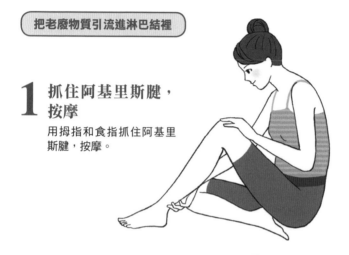

3 將膝後窩淋巴結按壓開

用食指及中指像畫圓一般按壓膝蓋後側凹陷處。

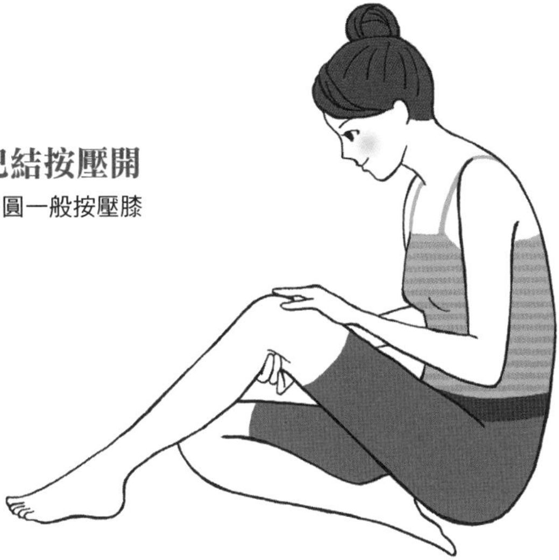

4 把老廢物質從腳踝引流至膝後窩淋巴結

從下往上邊按壓小腿肚，邊滑動。

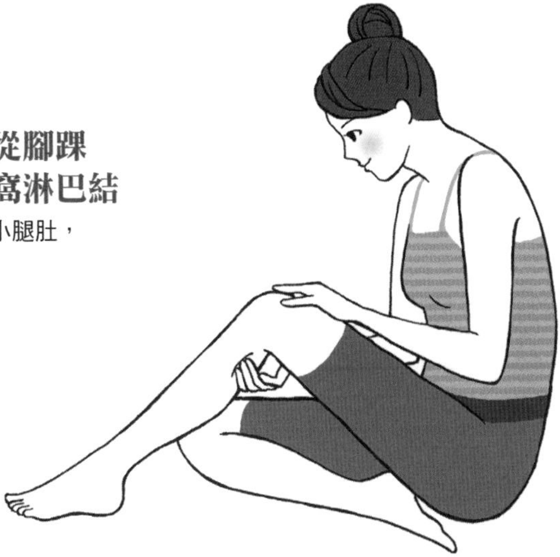

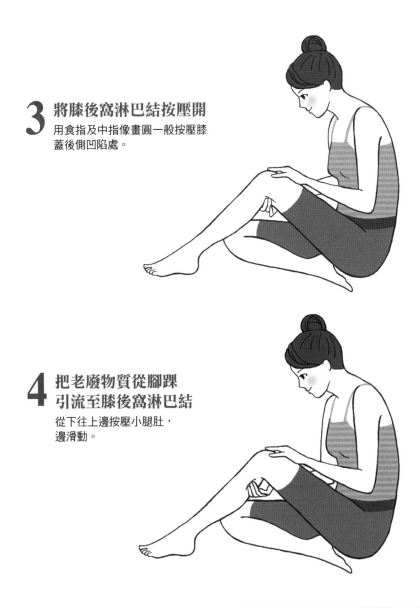

美腿按摩 5

小腿肚按摩（在床上進行）

POINT

改善小腿肚血液循環最簡單的方法，就是讓血流方向改成由下往上流。這只要躺在床上就能做到，是最適合忙碌的您來進行的小腿肚按摩法。

1 將右腳腳踝放在左腳膝蓋上

臉朝上平躺，掌心平貼在床墊上。左腳屈膝，右腳腳踝放在左腳膝蓋上。

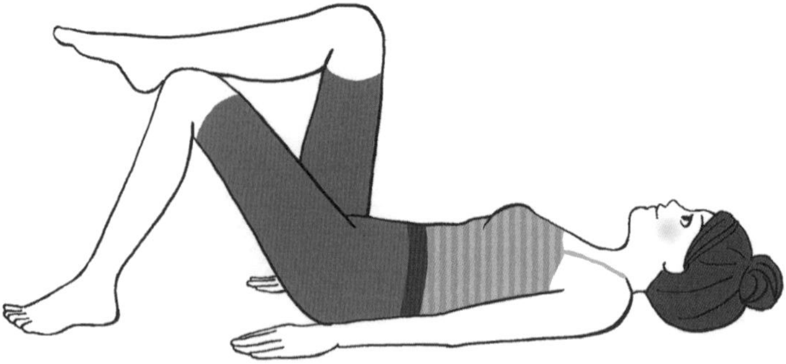

要讓小腿肚維持柔軟！

血液循環不佳會造成手腳冰冷和水腫現象，所以要讓小腿肚確實變軟。

健康的小腿肚富含彈性，溫度也偏高。最棒的狀態就是有適量的肌肉，也沒有累積被視為疲勞物質的乳酸，而且狀態也很柔軟。

2 將右腳滑到膝蓋後方位置

將右腳從腳踝滑到小腿肚後再滑到膝蓋後側。

※ 利用右腳重量（自身重量）即可！

3 反過來將右腳滑到腳踝位置

將右腳從膝蓋後側再往腳踝滑過去。

※ 另一隻腳也進行相同的動作。做三～五次後，隔天早上會發現腳變得相當輕鬆！

美腿按摩 6

膝蓋周邊按摩

POINT

堆積在膝蓋周圍的脂肪和老廢物質非常難去除！這裡的按摩技巧是，固定住膝蓋後再按摩。將膝蓋周圍的老廢物質徹底排出後，關節也會變得容易活動。

1 沿著髕骨從下往上按壓

拇指以外的指頭沿著髕骨（膝蓋上形狀像盤子的骨頭），邊按壓邊往上劃。兩手像是要將髕骨完全包住一樣。

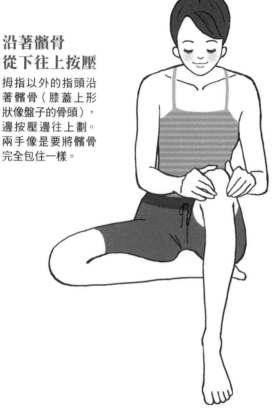

2 按壓髕骨上方

用拇指像是畫圓一樣按壓髕骨上方。

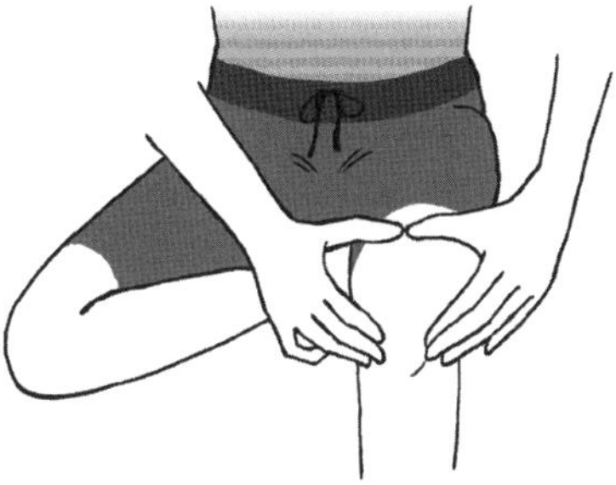

3 沿著髕骨從上往下壓

將拇指沿著髕骨，完整滑壓一圈。

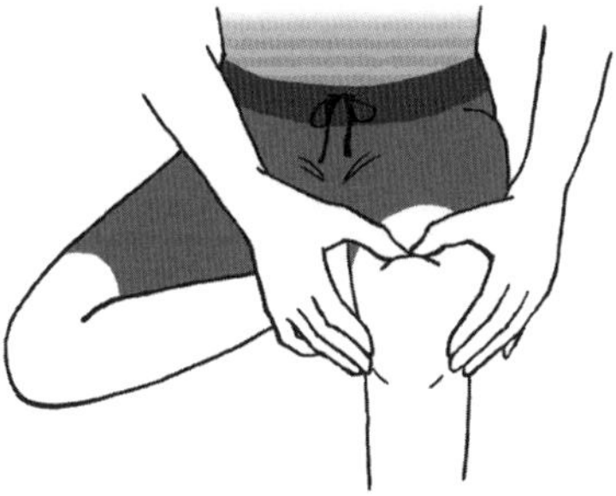

4 將膝後窩淋巴結按壓開

把食指及中指放在膝蓋後方的凹陷處，用繞圓圈方式按壓。

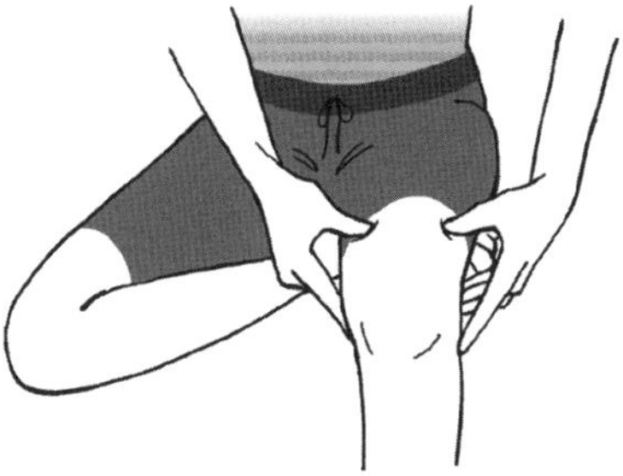

5 把老廢物質引流入膝後窩淋巴結中

拇指以外的指頭放在膝後窩凹陷處，讓拇指從上往下滑壓。

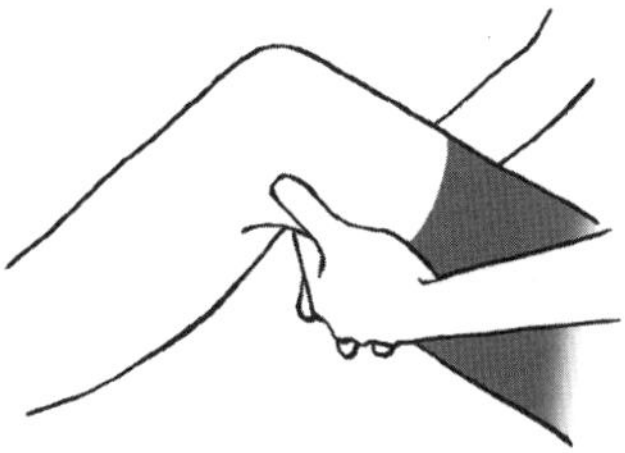

※ 另外一隻腳也進行同樣的動作。

美腿按摩 7

大腿按摩

POINT

大腿上容易形成橘皮組織！藉由按摩來壓碎老廢物質，讓其順著淋巴腺排出後，就可以有雙漂亮美腿。

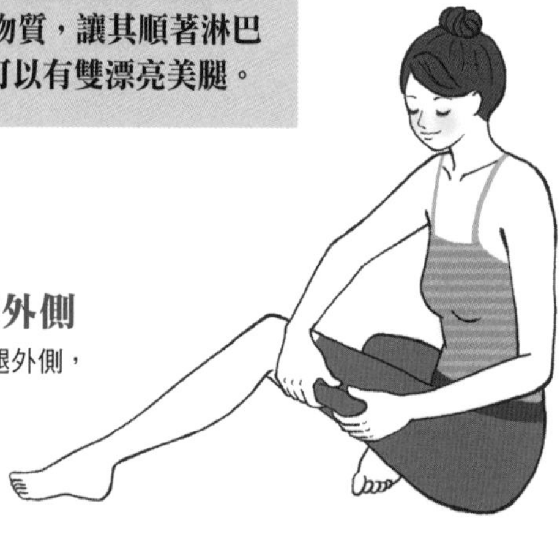

大腿外側

1 抓住大腿外側

雙手抓住大腿外側，使其加溫。

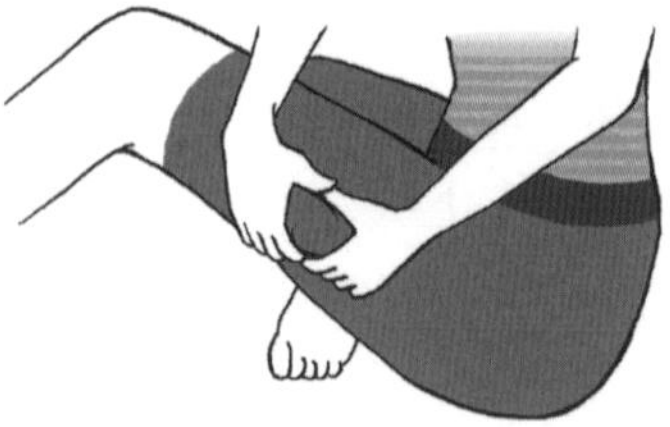

2 雙手直接抓著，手指由下往上滑壓

朝鼠蹊部淋巴結的方向，由下往上揉壓。

3 手指保持相同姿勢，一直按壓到大腿根部

兩手抓著大腿，繼續揉壓，把這個地方按軟。

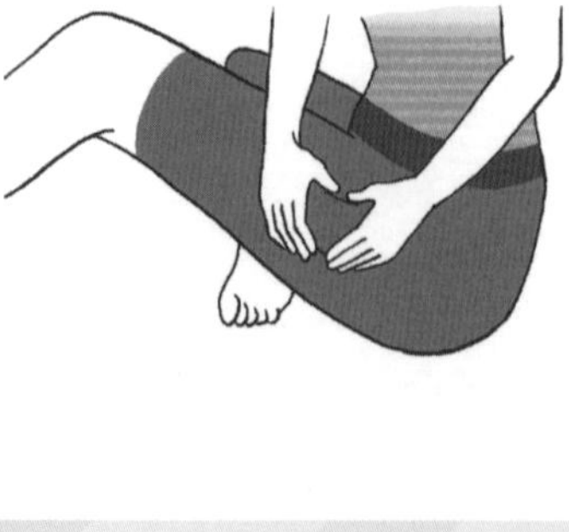

※ 另外一隻腳也進行同樣的動作。

大腿內側

1 抓住大腿內側

雙手抓住大腿內側，使其加溫。

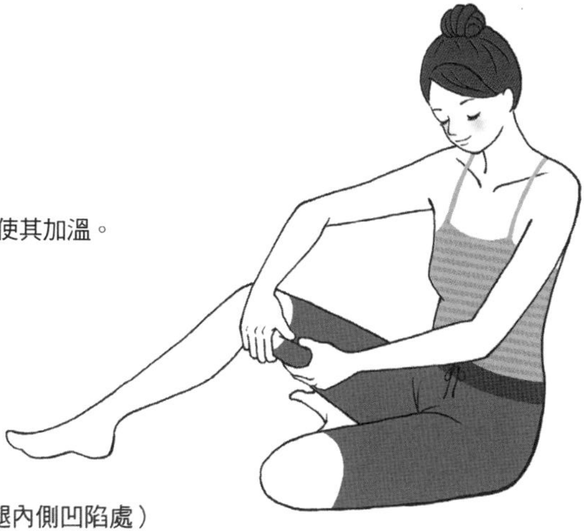

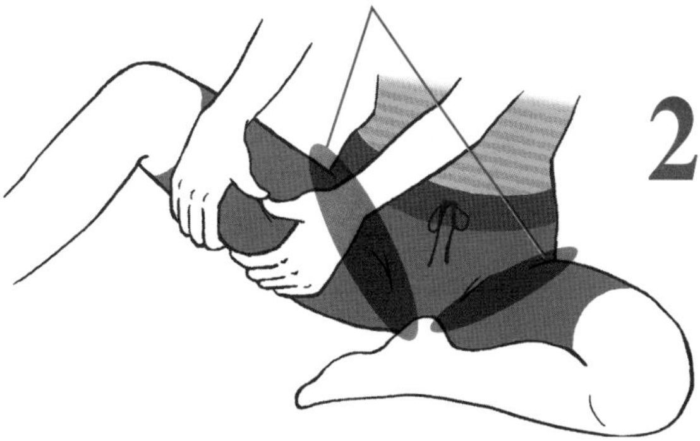

2 雙手直接抓著，手指由下往上滑壓

朝鼠蹊部淋巴結的方向，
由下往上揉壓。

3 手指保持相同姿勢，一直按壓到大腿內側

兩手抓著大腿，繼續揉壓，把這個地方按軟。

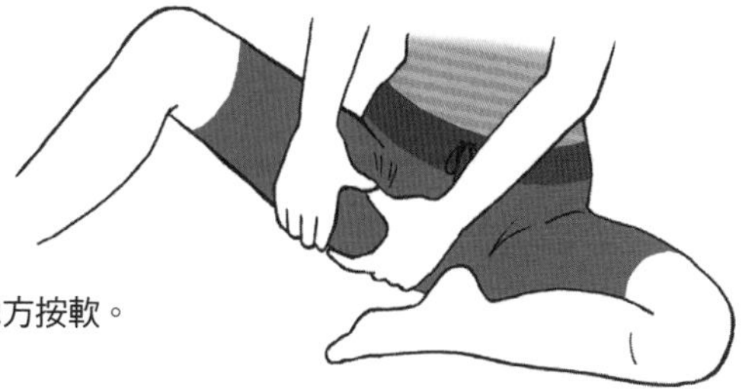

※ 另外一隻腳也進行同樣的動作。

美腿按摩 8

大腿根部按摩

POINT

在大腿根部有個很大的淋巴結。確實將淋巴結按壓開，促進血液及淋巴液循環，就能有一雙漂亮美腿!!

1 把手放在大腿根部

右腳往前伸直，左腳屈膝，把左腳腳底貼在右腳大腿上。右手放在大腿根部凹陷處。

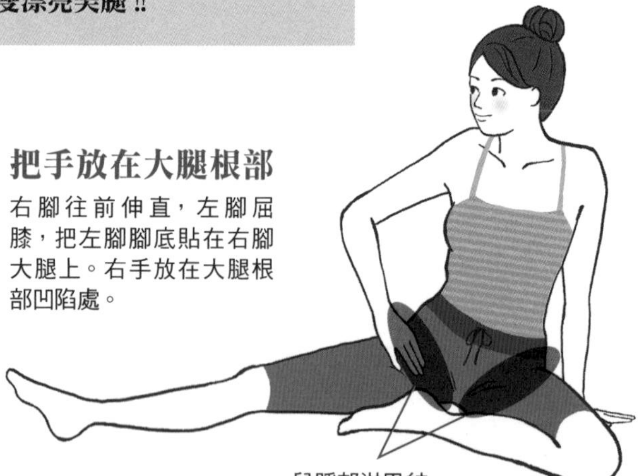

2 雙手指尖交疊按壓

把左手指尖交疊在右手上，按壓鼠蹊部淋巴結。一直要壓到手指會感覺到脈搏跳動才行。

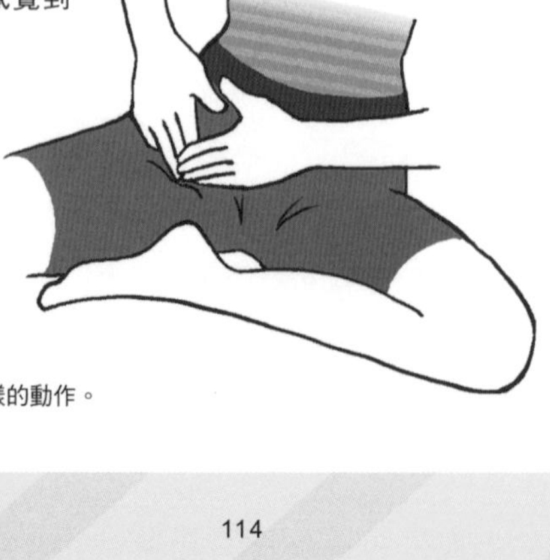

※ 另外一隻腳也進行同樣的動作。

POINT

趴下做拉筋動作，會讓腳踝變得更加柔軟。在做完「轉轉腳踝」和按摩之後，就做這個拉筋動作吧。

腳踝伸展拉筋

1
壓住腳背，把腳貼到屁股上

趴下之後，兩手壓住腳背往屁股的方向壓。

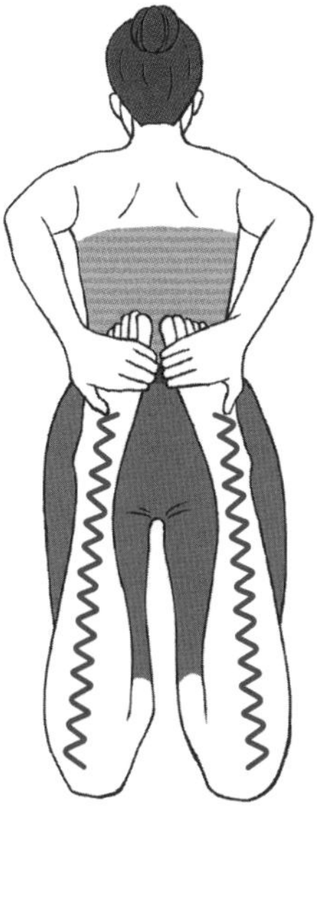

2
腳背朝外，把腳往內扭轉

腳背朝外側，接著把整個腳背往箭頭方向扭轉。

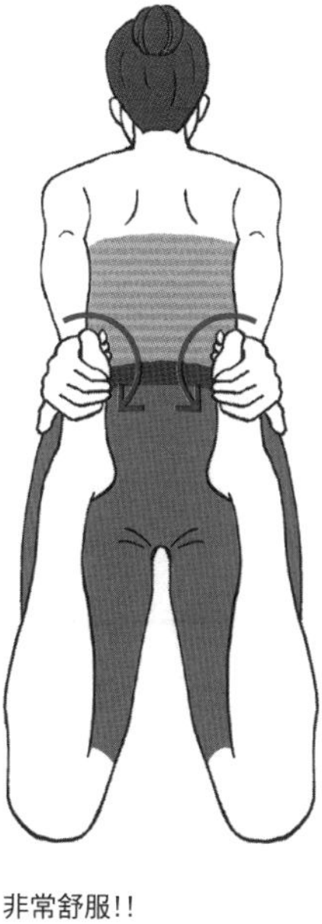

3
壓腳趾，把腳貼到屁股上

壓腳趾，盡量把腳往屁股方向拉，讓腳可以貼到屁股上。

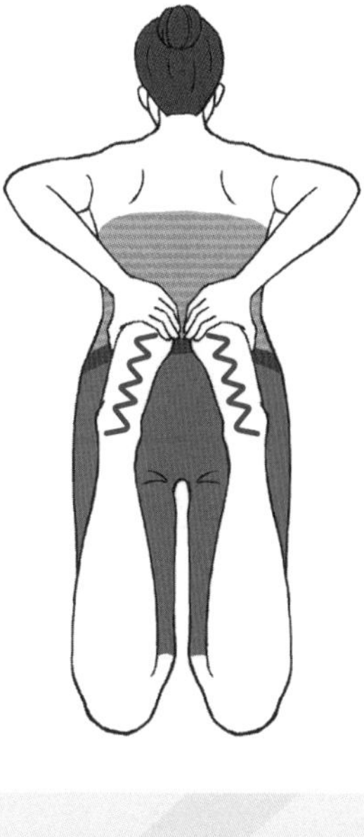

※「~~~~」的部份可以得到伸展，非常舒服!!

美腿專欄

利用淋巴照護，就能讓臉變得有如微整形般漂亮！

最近常常聽到客戶會開心地對我說：「我的臉變小了，就像是去做了微整形一樣！」其實這就是淋巴照護的效果。

淋巴照護可以讓臉明顯變小！在消除了整張臉的水腫之後，眼瞼、雙頰及臉部線條都會變得很明顯。一邊放鬆肌肉的緊繃狀態，一邊將堆積在臉上的老廢物質引流出去。特別是顴骨周圍、嘴角、臉部線條等部位都會出現驚人變化。

引流掉骨頭周圍的老廢物質以及放鬆肌肉等舉動，這就像是做黏土雕塑一樣。不只能讓線條產生變化，臉部表情肌會變得柔軟，同時血流也會變好，幾乎不用塗腮紅就能擁有自然紅潤的膚色。

而且當臉部表情肌放鬆之後，表情也會大大改變!! 你也將能夠展露出自然而漂亮的笑容。

當眼瞼不再水腫之後，若是擁有雙眼皮的人，雙眼皮就會變得非常明顯，甚至明顯到讓身邊的人感到驚嘆喔。

STEP 4

讓雙腿變美的生活習慣

充足又良好的睡眠品質

只要睡在舒適的寢具上，睡覺時自然能消除疲勞

讓腳踝位置高於心臟，就能消除水腫

要讓身心徹底休息，睡眠是最好的方法！人生裡有三分之一的時間是用在睡眠上。請記得要以放鬆的心情與姿勢好好休息吧！

在腳下放置抱枕或毛巾等物品，讓腳的位置高於心臟睡覺，就能促進淋巴液流動，進而消除腳部水腫。入睡之前，建議可以一邊聽喜

歡的音樂，一邊在床上進行腿部按摩。

人在睡眠期間，為了進行體內的調節，會有許多的荷爾蒙開始活動，因此人體才能維持健康、消除疲勞。

此外，睡眠品質與睡眠時間也是非常重要的。睡眠時間不足時，會造成新陳代謝下降，也會讓肌膚失去彈性及水潤感，所以最少一定要睡滿六小時。

寢具務必保持清潔

南丁格爾在《護理摘要》一書中，曾寫下這一段話，這裡就讓我就重點來做個介紹。書中寫到：「人類在二十四小時中，透過肺臟及皮膚至少會排出一・七公升的水分，這些水分中富含容易腐敗的有機物質……（中略）……那麼，這些水分到底又都跑去了哪裡呢？它們幾乎都被寢具吸收掉了。」

讀完這本書後，我就馬上想到了：「寢具務必得保持清潔才行啊!!」為了身體的健康，為了擁有舒適的睡眠，我總是十分注意，也很頻繁地更換床單。

舒適的睡眠可以提高消除疲勞的能力。在寢具上噴上喜歡的香味，讓自己自然沉睡也是個製造出舒眠環境的好方法。

溫暖你的全身

泡在熱水中「轉轉腳踝」，效果加倍！

泡在熱水中「轉轉腳踝」！

近來似乎有許多人已經改在早晨淋浴，而不再有泡澡的習慣了，其實這也是讓身體變冷的原因之一。

每當體溫升高一度，代謝率便會增加十三％。因此，保持身體的溫暖是很重要的工作。

所以當你泡在熱水中的時候，也請要一邊進行「轉轉腳踝」。因為水具有浮力，能夠幫助你輕鬆活動腳趾、轉動腳踝，對腳踝僵硬的人來說，應該會更容易動作。為了消除身心疲勞，擁有更好的睡眠，請務必記得要多泡熱水澡喔。

按摩整雙腿，促進血液循環

泡在熱水中，讓體溫上升到一定程度後，把腳伸直跨在浴缸兩側上。此時消除水腫的效果會更好，讓腳的位置高於心臟，慢慢轉動幾次腳踝。接著，把手指插入腳趾縫間，開始來「轉轉腳踝」吧。（請參照第六十～六十三頁）

當腳踝變柔軟之後，再接著揉壓腳底，從腳踝往小腿方向，向上

滑動。（參照第一〇二～一〇五頁）

就像是要把因重力堆積在腳上的毒素和老廢物質往上帶一樣，重複按摩數次。接著在小腿肚也變得柔軟之後，再加重力道揉壓。這個動作會有和肌肉幫浦相似的作用。接著從膝蓋後方到大腿部分一邊按壓，一邊往上滑動。

泡熱水時，人體的血管會自然擴張，血液循環也會變好。此時若再加上了按摩，將能進一步促進靜脈及淋巴液的流動，因此便能消除水腫。只要每天持續進行，即使到了傍晚，腳也會變得不易水腫喔。

家居服選擇法

那套家居服正在幫你養贅肉！

沒有腰線的服裝絕對NG！

回到家後，換上輕鬆穿著最舒服了！T恤搭上休閒棉褲，或是沒有腰線的連身裙……許多人回到家都會換上舒服又寬鬆的衣服吧。

我早上起床後，即使沒有外出的打算，也會換上隨時能外出的衣服。早上換上的衣服，到晚上洗澡前絕對不會換下來。但是打掃完家裡、炸完食物之後還是會換成另一套衣服。因為穿上舒適的家居服後，姿勢就會自然地變差，也導致背部及腹部肌肉過度放鬆，整個人變得很邋遢。

雖然家是讓自己放鬆的地方，但也別全身徹底放鬆，該注意的事情還是請多注意。特別要小心鬆緊帶褲頭！雖然很輕鬆，卻在不知不覺中變超胖！這種事情其實常發生喔。

如果穿著普通的衣服吃飯，吃飽後褲頭會變緊，自然就不會吃過量。但是，如果是穿鬆緊帶褲頭或連身裙，腰圍部分可以自在伸縮，所以總是會吃過飽。這種情況下，就算再認真「轉轉腳踝」，也不會有成效。

即使在家裡，也要穿著合身衣物

家居服通常都是會遮掩住體型的款式。所以，在家裡也要換上合身、可以看見身體線條的家居服。比方說，穿上迷你裙，或是可以看清楚腿部線條的丹寧褲等等……

如果想要有雙美腿，那麼最重要的是，從平常就要意識到自己的體型，想像理想的身體線條。

隨時要維持正確姿勢

讓人看起來顯老的「背部贅肉」，其實是姿勢不良造成的！

十幾歲時的姿勢不良，讓背部養出贅肉來！

不只美腿，想要創造出漂亮的身體線條，最重要的就是要端正姿勢。當腳踝關節獲得了放鬆之後，全身的骨骼也會隨之放鬆，血液及淋巴液的流動也會變好。其實血液循環與淋巴液循環都和姿勢有很大的關係。我在十幾歲時，姿勢非常不好，常常被母親責罵，明明還年輕，背上卻有不少贅肉。但在腿部模特兒的台步課程中被矯正姿勢之後，我開始注意起自己的姿勢，背部贅肉也因此消失了。從那之後，我就特別在意自己的姿勢。

無論何時何地都要矯正姿勢！

無論何時何地，只要一想到的話，就要立刻矯正自己的姿勢。舉例來說，不管是搭乘電車，或是走在街上時，養成隨時矯正姿勢的習慣。例如「一邊矯正姿勢，一邊走到下一個紅綠燈吧！」或是「一邊矯正姿勢，一邊走到下一個車站吧！」這樣的心態等等，請先試著決定目標之後再來試行看看。像是要把左右肩胛骨靠攏般挺胸，感覺就像是要把胃往上拉一樣。想像有條線穿過身體中心，那條線穿過頭頂之後吊在天花板上。

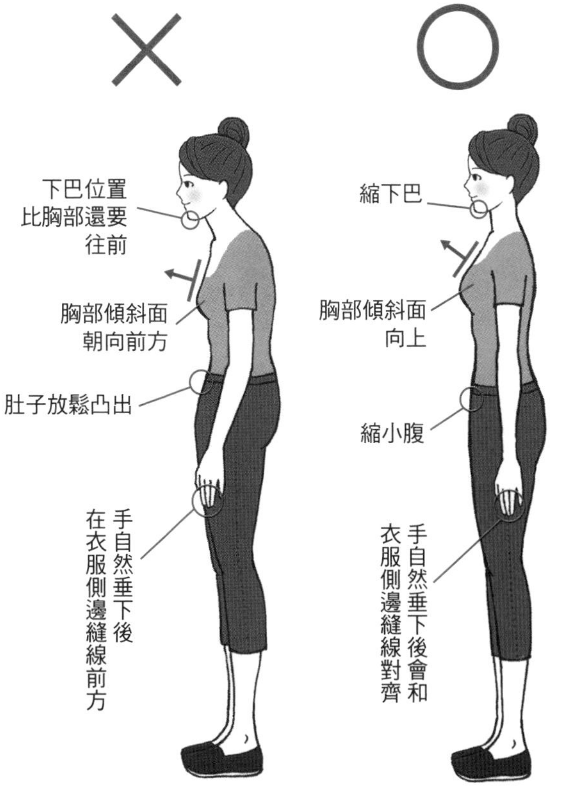
○
縮下巴
胸部傾斜面向上
縮小腹
手自然垂下後會和衣服側邊縫線對齊
×
下巴位置比胸部還要往前
胸部傾斜面朝向前方
肚子放鬆凸出
手自然垂下後在衣服側邊縫線前方

哪些是對身體好的食物？

會讓腳變細與變粗的食物

推薦營養均衡的日式餐點

因為工作的關係，我都很晚才會吃晚餐，但盡量都是自己親手做。雖然我自己喜歡做菜也是原因之一，但最重要的是，自己做菜比較容易掌控營養素的攝取。所以只要是聚餐吃外食的隔天，我一定自己煮、吃粗食。

我比較常煮日式的餐點，藉由燜煮、煎烤、蒸煮等單純做法，就可以將當季食材的美味發揮到最大極限。日式餐點的基本原則是「三菜一湯」。一湯是指一項湯品，例如像味噌湯；三菜則是指菜餚，一道魚或肉類的主菜，兩道像是燙青菜沾醬油或燜煮類菜餚等配菜。這並不需要想得太複雜，只要準備好三菜一湯，就能取得十分均衡的營養了。

溫熱性食材、涼寒性食材

此外，食材大致上可以分為「升高體溫的溫熱性食材」與「降低體溫的涼寒性食材」。建議依季節、生活環境和身體狀況做調整，均衡攝取各類食物。當季食材對身體很好，因為當季食材是在營養價值最高的時期採收。希望大家可以有意識地攝取當季食物。

升高體溫的溫熱性食材	
黑色食物	黑豆、黑糖
暖色系食物	紅肉、紅魚肉
北方捕獲的食物	鮭魚、扇貝
在土中生長的食物	牛蒡、胡蘿蔔、蓮藕、山藥、薑、蔥
高鹽分調味料、發酵食品	味噌、醬油、明太子、佃煮
水分含量少的堅硬食物	醃漬物、仙貝、果乾

降低體溫的涼寒性食材	
白色食物	牛奶、白砂糖、白米、化學調味料、鮮奶油、奶油、麵包
蔬菜	番茄、萵苣、小黃瓜、西瓜
水果	香蕉、鳳梨、橘子、檸檬
在土中生長的食物	牛蒡、胡蘿蔔、蓮藕、山藥、薑、蔥
調味料	油醋醬、醋、美乃滋、會發汗的香辛料（包括咖哩）
飲料	咖啡、啤酒、威士忌

抗老化效果

比起減少醣類攝取，「八分飽」才是通往美腿的捷徑

吃太多會造成內臟負擔

「吃八分飽就不需要醫生」這句諺語相當有名，這句話的意思是「遵守八分飽原則，就不會吃壞腸胃，也就不需要看醫生」。我在減肥時，也曾試過吃八分飽，結果身體真的變得很輕鬆。只要減少進食

量，不但熱量減少也較好消化，自然對身體很好。

當食物從口中進入體內後，胃進行肌肉上下輪流收縮的蠕動行為，胃壁分泌出胃酸來溶解胃中食物，再送進小腸中。

如果吃到全飽的話，那就需要花上很長時間消化，這不只會造成胃和小腸的負擔，這段期間內肝臟、腎臟、心臟也要跟著工作，會讓所有臟器疲勞。

八分飽也有抗老化效果

吃外食或現成便當這種一人份食物時，若是全部吃完，大概都會吃過多。千萬不要覺得「剩下來很不禮貌」，吃到八分飽後停止進食對身體是很好的。

最近似乎有許多人嘗試「澱粉減肥法」，但這個方法所攝取的營養不均衡，會讓淋巴液的流動惡化。不是只減少澱粉攝取量，而是要減少整體的食物攝取量，注意吃到八分飽就好才是正確方法。

順帶一提的是，大家知道八分飽也具有抗老化的效果嗎？人體在進食之後會燃燒營養素並轉換成能量。此時會產生老化及生病的因子——「自由基」。在消化分解大量食物，吸收其養分的同時，也會產生大量的「自由基」。吃太多的話，不管是對健康或美容都是「百害而無一利」！

鞋子不同，走路的方法也不同

穿上高跟鞋和運動鞋時的美腿快走法

就算是穿高跟鞋，也要稍微快走

你是否覺得「穿上高跟鞋後，根本無法快走」呢？其實即使不穿運動鞋，穿著高跟鞋也可以快走。穿著高跟鞋時，如果像穿運動鞋一樣讓腳跟先著地，會無法順利移動體重，而讓膝蓋彎曲，所以從腳尖著地。

接著把身體放在腳的軸心上，將體重從內側縱向足弓移動到腳跟上。此時，請務必注意要縮小腹。當腳跟著地之後，再把另外一隻腳踏出去。技巧就是，當成自己隨時在訓練肌肉，把注意力放在肚子上走路。

接著，請隨時注意要「走得漂亮」。千萬不要內八，想像要把內踝骨展現在大家面前的感覺，從腳尖踏出第一步吧。這種做法還可以順便鍛鍊臀部及大腿內側肌肉。

每天都做得到！重點是「從腳跟開始」

在此，我要向大家介紹我自己的「美腿快走法」！我一定會穿上健走鞋後再走。不特別決定時間及距離，配合當天的身體狀況走。

為了能運動到整雙腿，並發揮快走的最大效果，單腳先要往前大步跨出，想著要從腳跟著地的話，就可以跨出不勉強自己的大步伐。接著把注意力放在腳底上，想著要讓腳跟到腳尖都能貼合地面，這樣腳踝也會變得柔軟！

快走時，最重要的就是要把意識集中在整隻腳上。稍微走快一點、走大步一點，以伸展阿基里斯腱的方法走，邊扭腰邊甩手，或是舉高手臂轉動肩胛骨等，快走時記得要再加上一些動作。

邁向美腿的道路 Q&A

想要擁有一雙美腿，
只需要一點點的幹勁和習慣而已。
為了能讓「轉轉腳踝」達到更好的成效，
久老師在此回答各位的疑問。

Q 在哪段時間做「轉轉腳踝」最有效果呢？

A 在早上和晚上做最有效果！

雖然「轉轉腳踝」隨時隨地都能做，但我會在早上和晚上做。

早上做完後，穿鞋子時比較不會有緊繃感。腳步也很輕盈，上下樓梯時也很流暢。

許多人應該在傍晚時腳會水腫，開始覺得鞋子很緊吧？回家之後，泡個熱水澡，在浴缸裡「轉轉腳踝」吧（請參照 121 頁）。也很推薦在洗完澡後，血液循環變好時做。隔天早上腳的輕盈感肯定不同。

坐在辦公桌前、看電視時或躺在床上時……請配合你的生活型態來做吧。

Q 找不出時間來按摩……
A 首先，先從每天三分鐘開始，持續試試看。

一整天的疲累，就在當天好好消除掉吧。

雖然這樣說，卻不是一件簡單的事。下班回家後，還要哄孩子睡覺……根本找不出時間按摩對吧？

但是，就算每天只做三分鐘，這個保養過程依舊會消除腳的疲累及水腫，也可消除身體疲勞。一天二十四小時內找出三分鐘應該不是難事才對。首先從一天三分鐘開始吧！

Q 要設定怎樣的目標才好？
A 想像自己的理想身材吧!! 建議大家做「意象訓練」

當我著迷於減肥中，開始只吃八分飽時，同時也進行了「意象訓練」！一邊在腦海中描繪理想女性的身材，一邊做按摩。

想像崇拜的模特兒或女演員！俐落的形象、纖長的腳、有女人味的腰線、有女人味的圓潤臀部及胸部……

我自己是把理想中的模型人偶和警戒自己用的，自己又胖又醜的照片擺在一起，努力地朝著理想中的身材一步一步邁進。

Q 有什麼可以長久持續的秘訣嗎？
A 養成每天的習慣之後，就能持續下去。

「轉轉腳踝」之後，隔天早上不但消除了腳水腫，身體也變得輕盈，所以應該很容易養成習慣。做了之後只要看見效果，就會想著「要確實做才行！」

我常常聽到有人對我說：「老師真的對自己要求很嚴格耶～」但其實只是養成習慣而已。洗頭髮、刷牙、做飯、洗衣服等等……只是在這些生活必須做的事情之外加上一項而已。只要完全養成習慣後，一天不做反而覺得不舒服呢。

結語

我這一路走來，絕非一切順遂，但我覺得沒有一件事是「浪費」的。因為我活用了至今的所有經驗，才得以開設了「美Conscious」這家美體沙龍。「美Conscious」是「be（美）Conscious（意識）」這樣一個自創詞彙。因為「意識」這件事情，讓我好好正視自己的身體，這也是我的原點……

每天稍微意識著某些事情，然後想著一定要去做些什麼，就可以讓自己的身體一點一滴地改變。我藉由這本書，向大家介紹了最有效果的方法。

身為一名女性，「想要漂亮」、「想要帥氣地變老」應該是大家共同的心願。雖然讓專業的人士來幫助我們變美變漂亮是很重要的事，但我認為，就像我靠自己的力量成功達成減肥一樣，自己的身體是可以自己照護的。

我的執行風格是不講求進行太過困難的事！以正確知識為基礎，來理解我們身體的構造，好好照護猶如身體的地基的這雙腳，和我一起塑造出一雙美腿吧。腳踝變柔軟後就能有雙美腿，無論是誰都能夠有均衡的漂亮體型。請務必將一天三分鐘的「轉轉腳踝」變成你的「美麗習慣」。

然後，美麗當然不是只有外表而已。最重要的是發掘出自己的個性，確立專屬於您自己的「美麗」。希望所有的女性都能散發光輝、充滿自信……

至今照顧過我的老師與各位前輩，還有從沙龍開店起，就經常來光顧的客戶們，因為與如此多人間的緣分支持著我，才會有現在的我。此外，在這次執筆寫書時，也受到出版社及製作公司的各位很多幫忙。

最後，衷心地向我最重要的家人、亡父以及各位說聲感謝。

久優子

國家圖書館出版品預行編目資料

一天3分鐘！轉轉腳踝，下半身就能瘦！/ 久優子 著；林于楟 譯. -- 初版. -- 臺北市：平裝本，2015.11 面；公分. --
(平裝本叢書；第0433種)(iDO;85)
譯自：1日3分!足首まわしで下半身がみるみるヤセる
ISBN 978-986-92591-8-7(平裝).

1. 塑身 2. 健康法 3. 腿

425.2 105003028

平裝本叢書第0433種
iDO 085

一天3分鐘！轉轉腳踝，下半身就能瘦！

1日3分!足首まわしで下半身がみるみるヤセる

作　　者—久優子
譯　　者—林于楟
發 行 人—平雲
出版發行—平裝本出版有限公司
台北市敦化北路120巷50號
電話◎02-27168888
郵撥帳號◎18999606號
皇冠出版社(香港)有限公司
香港上環文咸東街50號寶恒商業中心
23樓2301-3室
電話◎2529-1778　傳真◎2527-0904
總 編 輯—龔橞甄
責任主編—許婷婷
責任編輯—蔡維鋼
美術設計—程郁婷
著作完成日期—2014年
初版一刷日期—2016年4月

法律顧問—王惠光律師

讀者服務傳真專線◎02-27150507
電腦編號◎415085
ISBN◎978-986-92591-8-7
Printed in Taiwan
本書定價◎新台幣220元/港幣73元

• 皇冠讀樂網：www.crown.com.tw
• 小王子的編輯夢：crownbook.pixnet.net/blog
• 皇冠 Facebook：www.facebook.com/crownbook